Jörg Krampe/Rolf Mittelmann

Einfache Rechenspiele

Bruchrechnen

40 Kopiervorlagen
mit Selbstkontrolle und Lösungen

Persen

Persen Verlag GmbH

Gedruckt auf umweltbewusst gefertigtem, chlorfrei gebleichtem und alterungsbeständigem Papier.

1. Auflage 2006

Illustrationen: Marion El-Khalafawi, Horneburg
Satz: media.design, Neumünster

ISBN 978-3-8344-**3706**-8
ISBN 3-8344-**3706**-9

www.persen.de

Inhalt

Vorwort

Im Bereich der **SEK I** und der **Förderschule** gibt es einige Fähigkeiten und Fertigkeiten, deren sichere Beherrschung für ein erfolgreiches Weiterlernen unverzichtbar ist. Dies sind u. a. die elementaren Regeln der **Bruchrechnung**, bei welchen das Grundwissen der Addition und Subtraktion und des kleinen Einmaleins in mechanisierter Form angewendet werden muss.

Das von den Unterrichtswerken vorgesehene Übungsmaterial reicht meist nicht aus. Besonders für leistungsschwächere Kinder sind zusätzliche Übungen notwendig.

Bei der Auswahl der Aufgaben sind die folgenden Beschränkungen gemacht:
- ▷ Die Anzahl der Aufgaben in jedem Spiel ist auf maximal 18 begrenzt.
- ▷ Auf Aufgaben zur Dezimalbruchrechnung wird verzichtet.
- ▷ Alle Aufgaben sind in der Form a o b = □ gestellt; es wird bewusst auf Leerstellenwechsel und mehrgliedrige Aufgaben verzichtet.
- ▷ Bei den Aufgaben werden nur kleine Zahlen benutzt (maximal zweistellig).

Ansonsten werden alle gängigen Rechenoperationen in systematischer Abfolge berücksichtigt.

Die vorliegende Sammlung enthält **40 Rechenspiele** mit deren **Lösungen** auf den Spielrückseiten und ermöglicht in besonderer Weise selbst kontrolliertes Arbeiten.

Methodisch sind die Übungen in der bewährten Form der Rechenspiele gestaltet. Dies fördert die **Motivation** und erleichtert durch **Selbstkontrollmöglichkeiten** den Einsatz bei **innerer Differenzierung**, im **Förderunterricht**, im **Wochenplan** und in der **Freiarbeit**. **8 verschiedene Spielformen** mit **leicht verständlichen Spielregeln** sorgen für den Erhalt der Übungsbereitschaft.

Als **Bildmotive** sind in diesem Band Blumen und Pflanzen verwendet, da diese für die Kinder erfahrungsgemäß besonders bekannt und beliebt sind.

Diese Rechenspiele lassen sich **unabhängig von jedem Lehrbuch** oder anderen Übungsmitteln einsetzen. Sie können aber auch eine eventuell schon vorhandene Sammlung von Rechenspielen (z. B. aus dem Auer Verlag oder dem Persen Verlag) ergänzen.

Darstellung von Brüchen (Bild – Zahl)

Spielregel:
- Schneide alle Puzzleteile aus und lege sie im Spielplan auf die Felder mit den passenden Abbildungen.
- Bei richtiger Lösung entsteht ein Bild.
- Tipp: Klebe die Puzzleteile auf und male das Bild aus.

Spielplan:

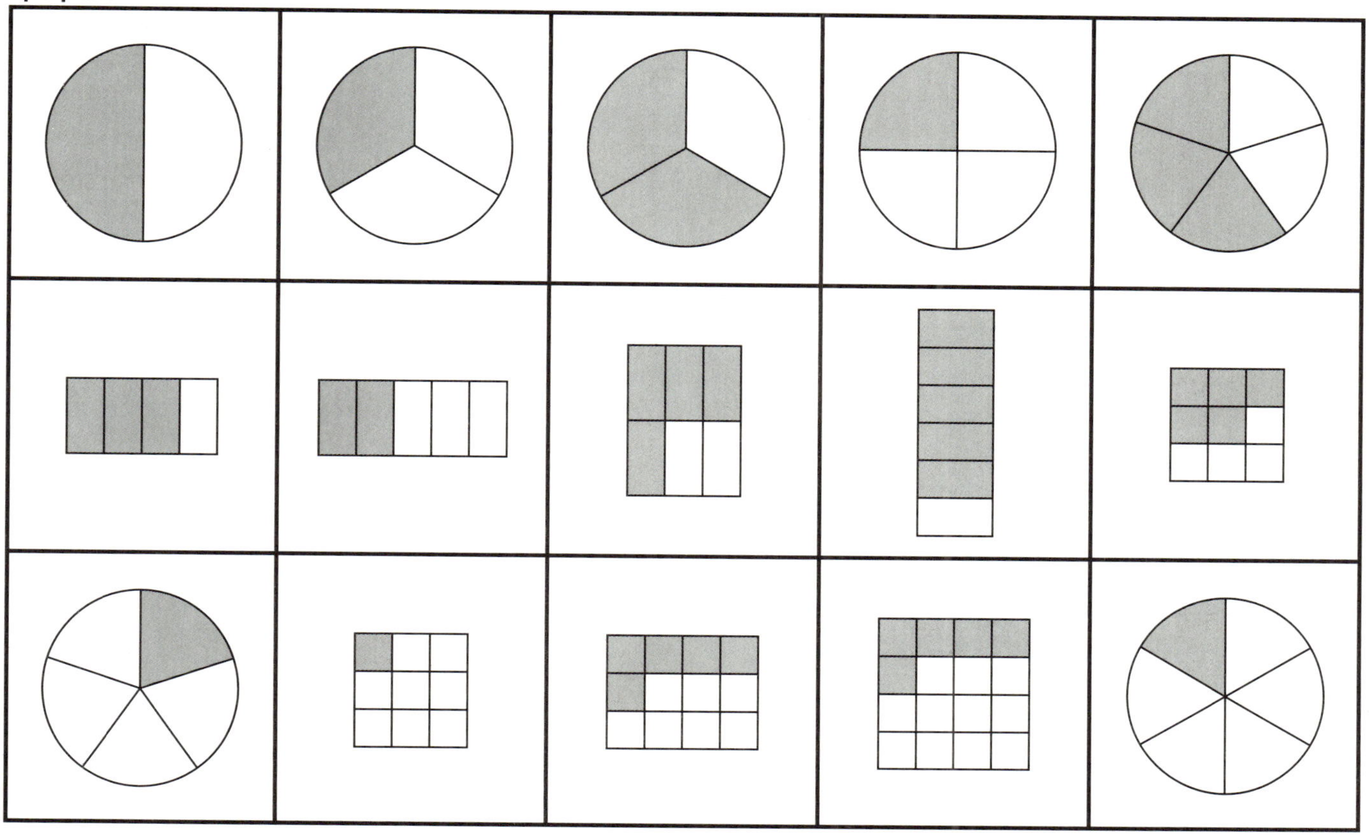

Puzzleteile:

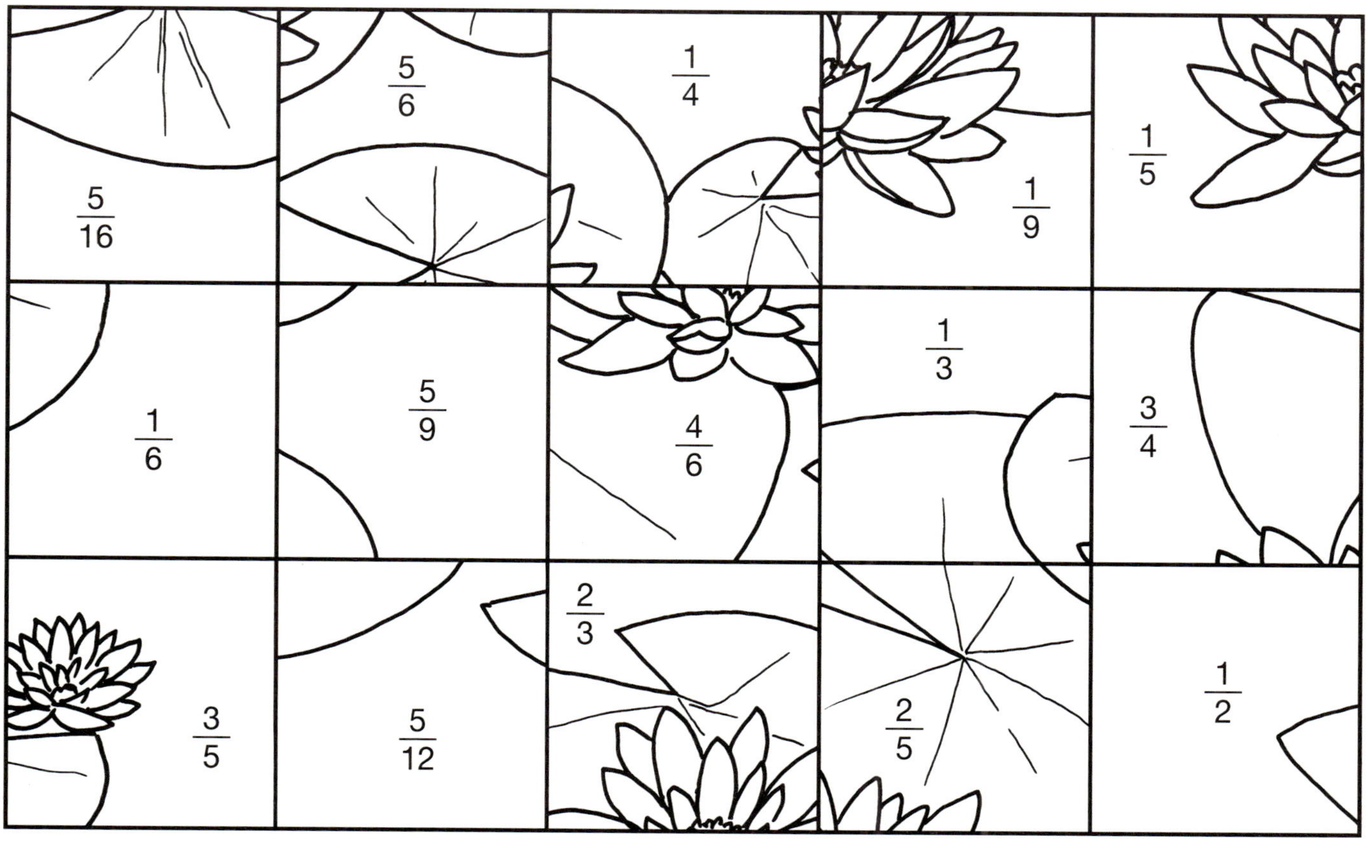

Darstellung von Brüchen (Bild – Zahl)

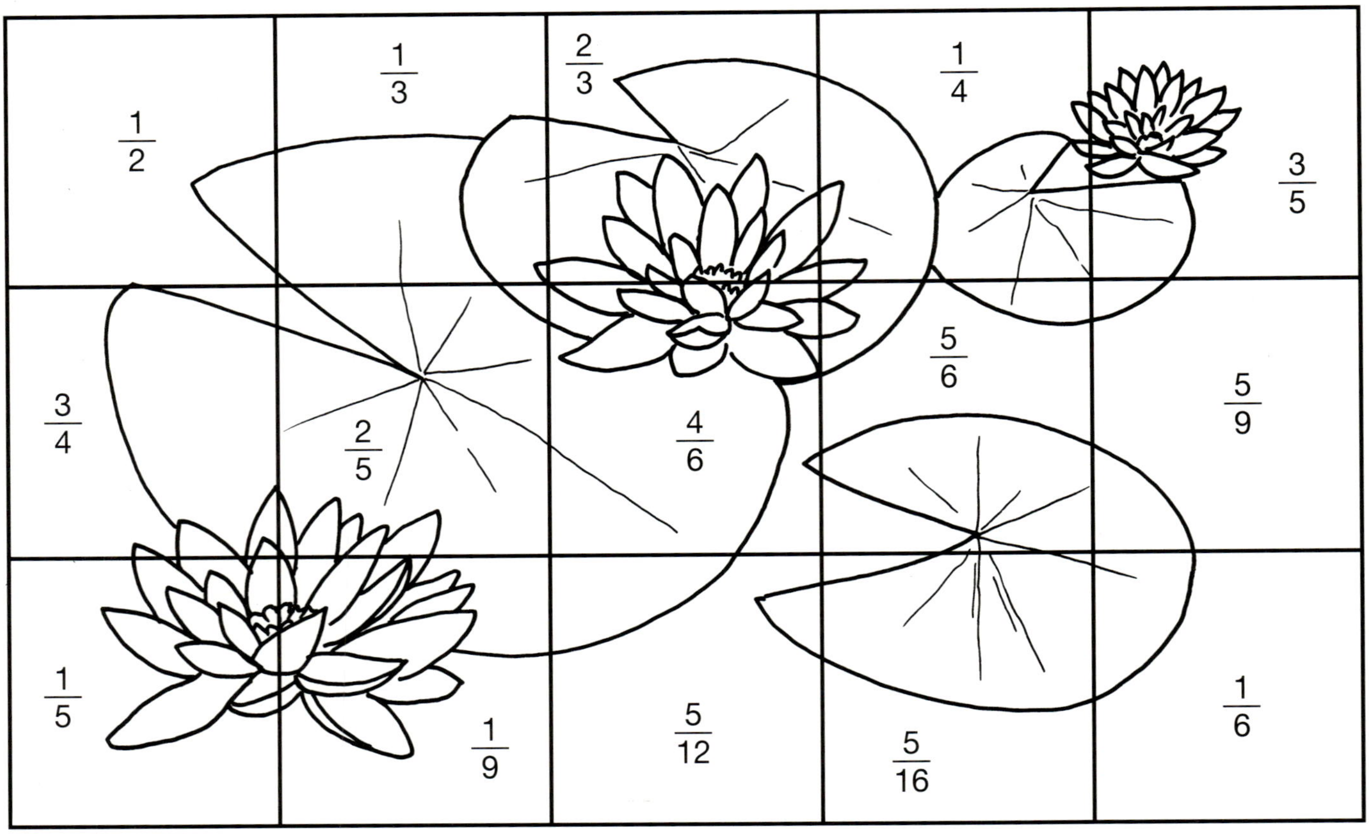

Berechnung von Bruchteilen

Spielregel:
- Löse die Aufgaben und notiere die Ergebniszahlen mit Angabe der Einheit.
- Suche die Ergebniszahlen im Bildteil und male die zugehörigen Felder mit einer beliebigen Farbe aus.
- Zu jedem Ergebnis gehört genau ein Ausmalfeld.
- Bei richtiger Lösung entsteht ein Bild.

① $\frac{5}{8}$ von 96 € = 60 €

② $\frac{5}{6}$ von 36 t = ____

③ $\frac{4}{5}$ von 25 km = ____

④ $\frac{7}{9}$ von 99 € = ____

⑤ $\frac{3}{4}$ von 52 t = ____

⑥ $\frac{7}{10}$ von 30 km = ____

⑦ $\frac{7}{12}$ von 84 € = ____

⑧ $\frac{2}{5}$ von 65 t = ____

⑨ $\frac{5}{9}$ von 99 km = ____

⑩ $\frac{2}{3}$ von 24 € = ____

⑪ $\frac{4}{7}$ von 42 t = ____

⑫ $\frac{3}{8}$ von 96 km = ____

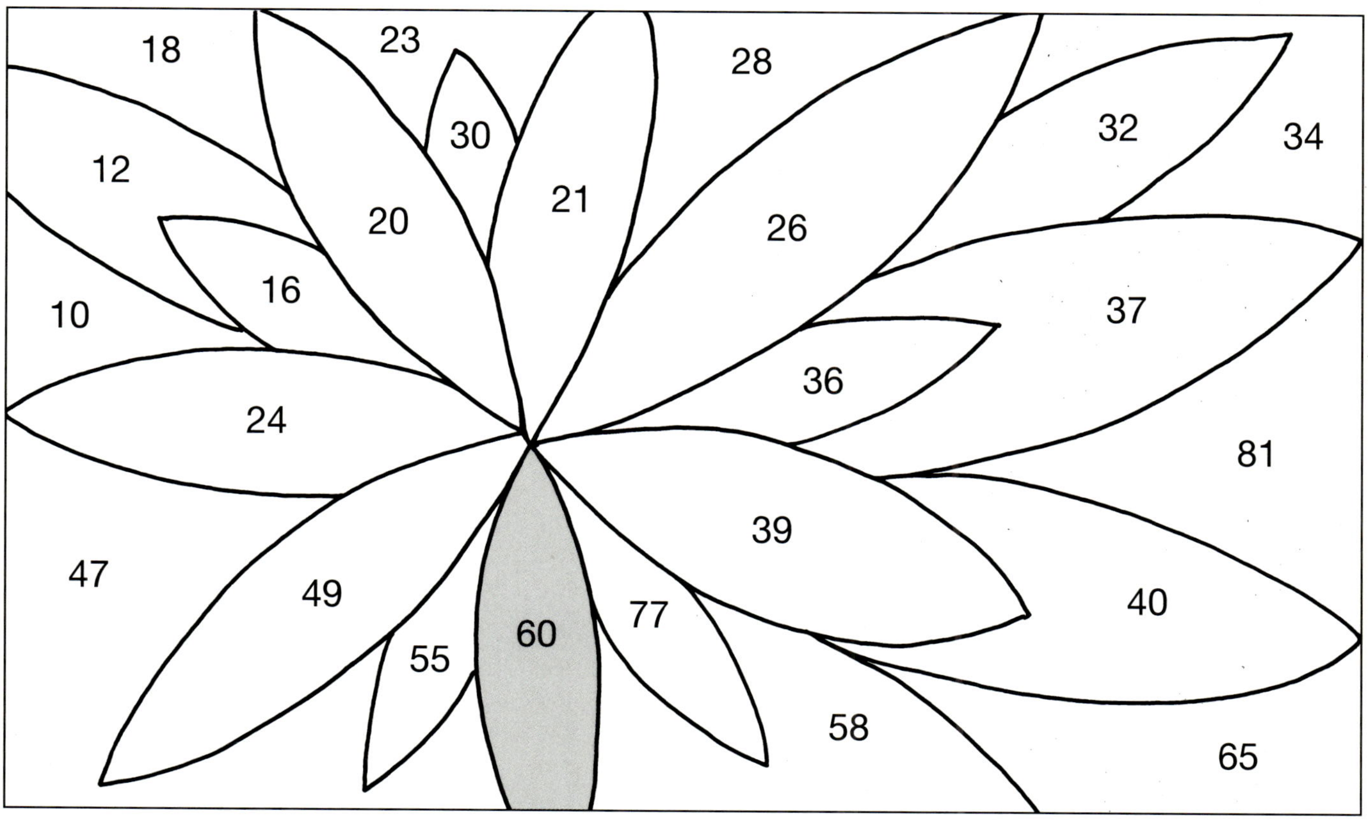

Berechnung von Bruchteilen

① $\frac{5}{8}$ von 96 € = 60 €

② $\frac{5}{6}$ von 36 t = 30 t

③ $\frac{4}{5}$ von 25 km = 20 km

④ $\frac{7}{9}$ von 99 € = 77 €

⑤ $\frac{3}{4}$ von 52 t = 39 t

⑥ $\frac{7}{10}$ von 30 km = 21 km

⑦ $\frac{7}{12}$ von 84 € = 49 €

⑧ $\frac{2}{5}$ von 65 t = 26 t

⑨ $\frac{5}{9}$ von 99 km = 55 km

⑩ $\frac{2}{3}$ von 24 € = 16 €

⑪ $\frac{4}{7}$ von 42 t = 24 t

⑫ $\frac{3}{8}$ von 96 km = 36 km

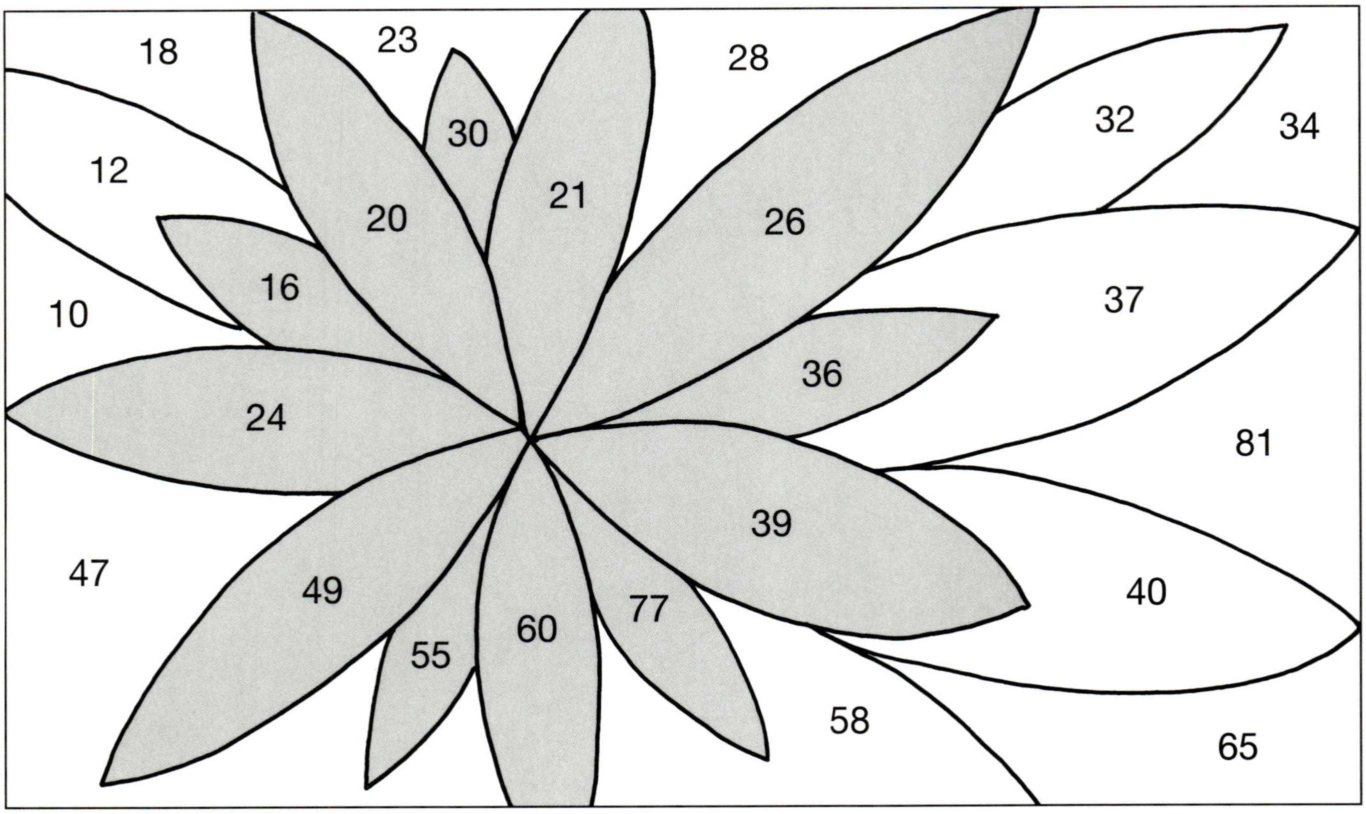

Gemischte Zahlen und Brüche umwandeln

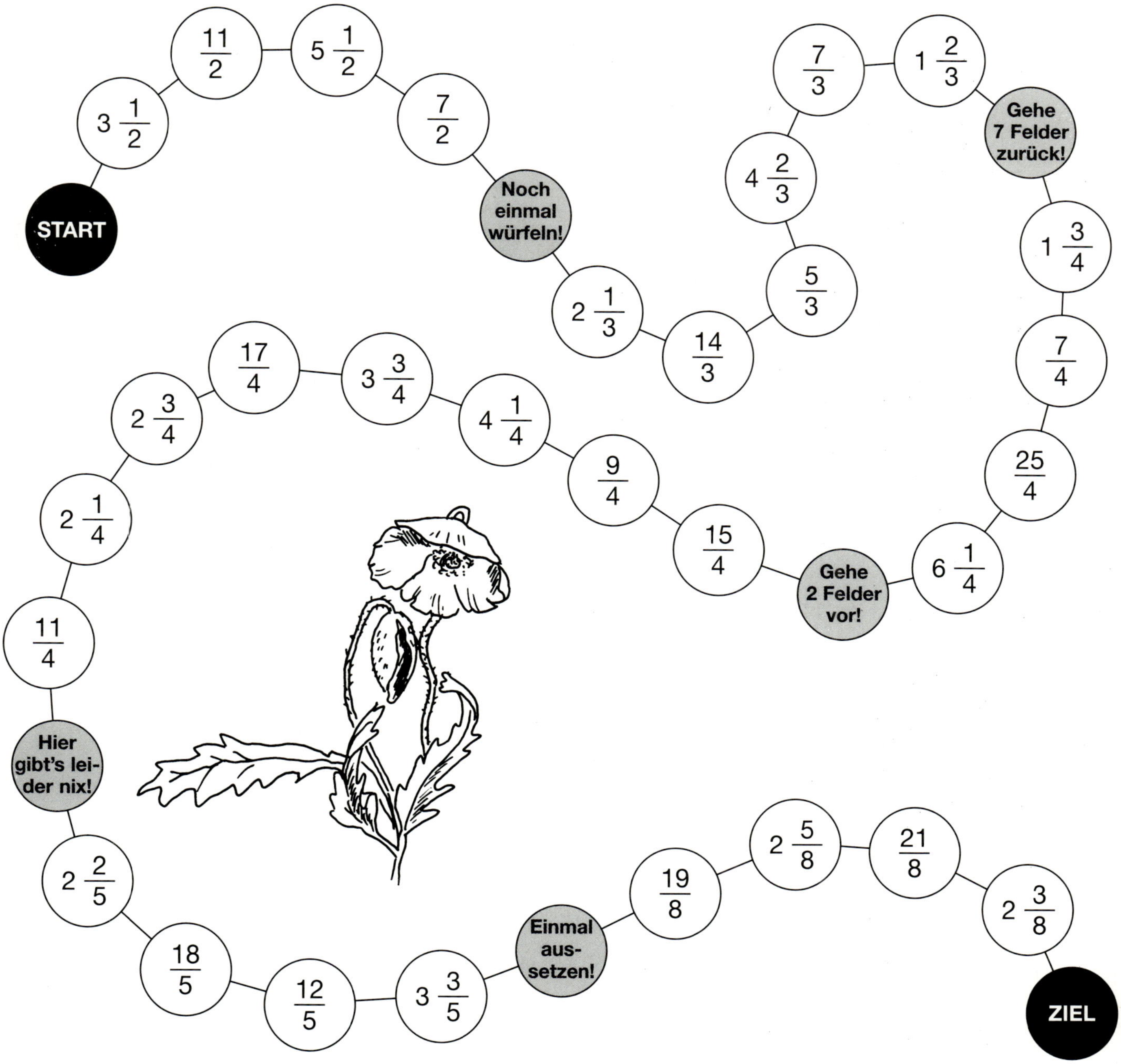

Hinweis für den Lehrer, die Lehrerin:
Lösungsblatt (Rückseite) mitkopieren!

Material:
- 1 Würfel
- Je Mitspieler 1 Spielfigur

Spielregel:
- Jeder Spieler setzt seine Spielfigur auf „Start".
- Reihum wird mit einem Würfel gewürfelt.
- Setze deine Spielfigur entsprechend der Augenzahl vorwärts.
- Prüfe, ob es zur Zahl im erreichten Feld einen entsprechenden Bruch oder eine gemischte Zahl mit gleichem Wert weiter vorn gibt und rücke dann auf dieses Feld vor.
- Wenn du auf ein graues Feld kommst, musst du einen besonderen Auftrag ausführen.
- Gewonnen hat, wer als erster das Ziel erreicht oder überschreitet.
- Kontrolle: durch Mitspieler; eventuell mit Lösungsblatt.
- Tipp: Vergrößert das Spielfeld und klebt es auf Karton; eventuell anmalen und mit Folie umkleben.

Gemischte Zahlen und Brüche umwandeln

$3\frac{1}{2} = \frac{7}{2}$

$\frac{11}{2} = 5\frac{1}{2}$

$2\frac{1}{3} = \frac{7}{3}$

$\frac{14}{3} = 4\frac{2}{3}$

$\frac{5}{3} = 1\frac{2}{3}$

$1\frac{3}{4} = \frac{7}{4}$

$\frac{25}{4} = 6\frac{1}{4}$

$\frac{15}{4} = 3\frac{3}{4}$

$\frac{9}{4} = 2\frac{1}{4}$

$4\frac{1}{4} = \frac{17}{4}$

$2\frac{3}{4} = \frac{11}{4}$

$2\frac{2}{5} = \frac{12}{5}$

$\frac{18}{5} = 3\frac{3}{5}$

$\frac{19}{8} = 2\frac{3}{8}$

$2\frac{5}{8} = \frac{21}{8}$

Addition und Subtraktion gleichnamiger Brüche

Spielregel:

- Löse alle Aufgaben und notiere die Ergebnisse.
- Verbinde im Bildteil die Punkte bei den Ergebniszahlen in der Reihenfolge der Aufgaben.
- Bei richtiger Lösung entsteht eine Bildfigur.

① $\frac{2}{5} + \frac{1}{5} = \frac{3}{5}$

② $\frac{2}{3} + \frac{4}{3} = \frac{6}{3}$

③ $\frac{4}{6} + \frac{5}{6} =$

④ $\frac{4}{7} + \frac{2}{7} =$

⑤ $\frac{8}{9} + \frac{5}{9} =$

⑥ $\frac{3}{4} + \frac{3}{4} =$

⑦ $\frac{4}{5} - \frac{3}{5} =$

⑧ $\frac{4}{7} - \frac{3}{7} =$

⑨ $\frac{6}{6} - \frac{2}{6} =$

⑩ $\frac{6}{9} - \frac{3}{9} =$

⑪ $\frac{8}{10} - \frac{5}{10} =$

⑫ $\frac{8}{5} - \frac{5}{5} =$

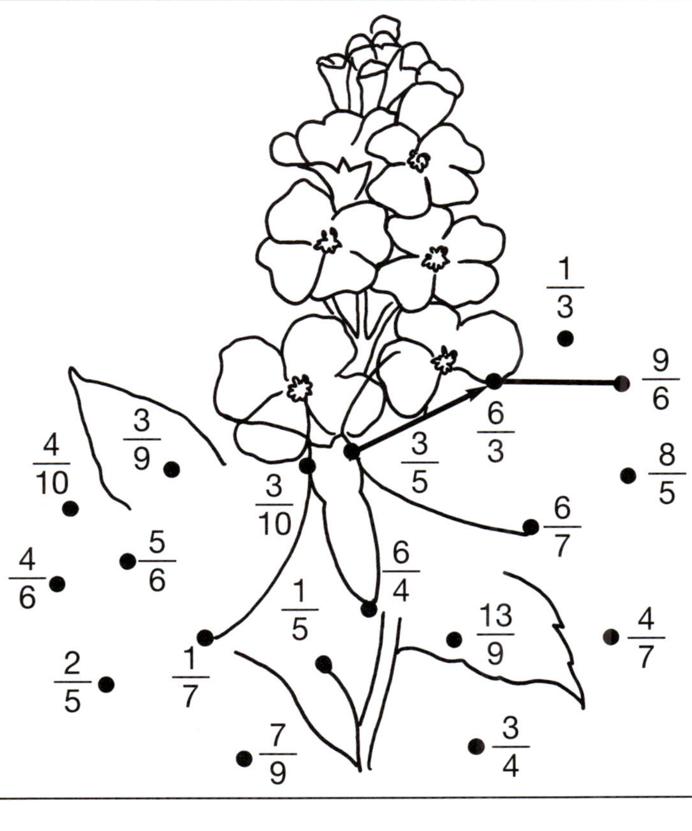

Addition und Subtraktion gleichnamiger Brüche

① $\frac{2}{5} + \frac{1}{5} = \frac{3}{5}$	② $\frac{2}{3} + \frac{4}{3} = \frac{6}{3}$	③ $\frac{4}{6} + \frac{5}{6} = \frac{9}{6}$
④ $\frac{4}{7} + \frac{2}{7} = \frac{6}{7}$	⑤ $\frac{8}{9} + \frac{5}{9} = \frac{13}{9}$	⑥ $\frac{3}{4} + \frac{3}{4} = \frac{6}{4}$
⑦ $\frac{4}{5} - \frac{3}{5} = \frac{1}{5}$	⑧ $\frac{4}{7} - \frac{3}{7} = \frac{1}{7}$	⑨ $\frac{6}{6} - \frac{2}{6} = \frac{4}{6}$
⑩ $\frac{6}{9} - \frac{3}{9} = \frac{3}{9}$	⑪ $\frac{8}{10} - \frac{5}{10} = \frac{3}{10}$	⑫ $\frac{8}{5} - \frac{5}{5} = \frac{3}{5}$

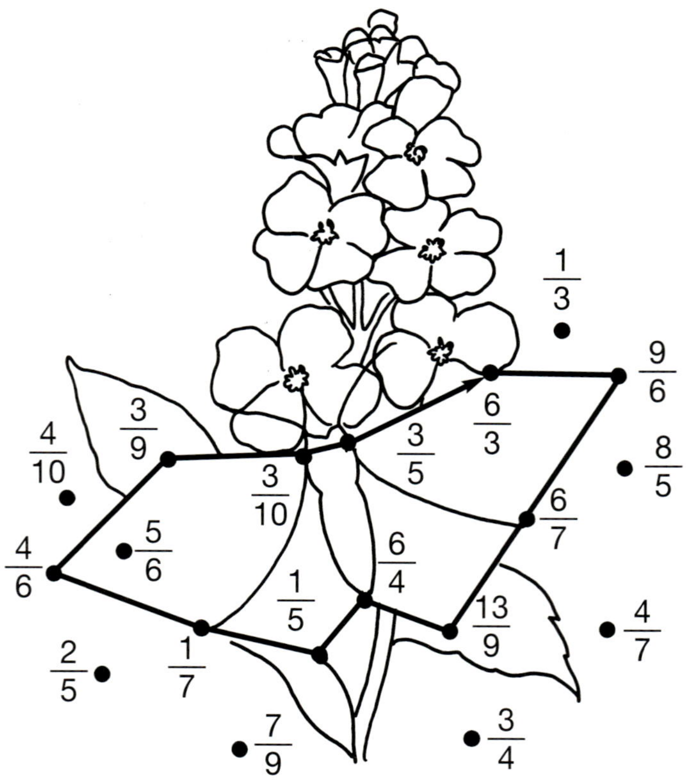

Addition und Subtraktion gemischter Zahlen

Spielregel:

- Löse die Aufgaben und notiere die Ergebnisse als gemischte Zahlen.
- Suche die Ergebniszahlen im Bildteil und male die zugehörigen Felder mit einer beliebigen Farbe aus.
- Zu jedem Ergebnis gehört genau ein Ausmalfeld.
- Bei richtiger Lösung entsteht ein Bild.

① $2\frac{1}{5} + \frac{3}{5} = 2\frac{4}{5}$

② $3\frac{3}{8} + 2\frac{2}{8} =$

③ $4\frac{1}{2} + 5 =$

④ $\frac{4}{8} + 5\frac{3}{8} =$

⑤ $2\frac{4}{10} + 4\frac{3}{10} =$

⑥ $5 + 2\frac{1}{2} =$

⑦ $3\frac{1}{4} + 2\frac{2}{4} =$

⑧ $2\frac{5}{12} + \frac{2}{12} =$

⑨ $1\frac{7}{10} - \frac{4}{10} =$

⑩ $2\frac{11}{12} - 1\frac{6}{12} =$

⑪ $3\frac{5}{9} - 2 =$

⑫ $3\frac{7}{8} - \frac{6}{8} =$

⑬ $4\frac{5}{10} - 2\frac{2}{10} =$

⑭ $7\frac{4}{5} - 4 =$

⑮ $8\frac{3}{4} - 4 =$

⑯ $6\frac{9}{12} - 3\frac{2}{12} =$

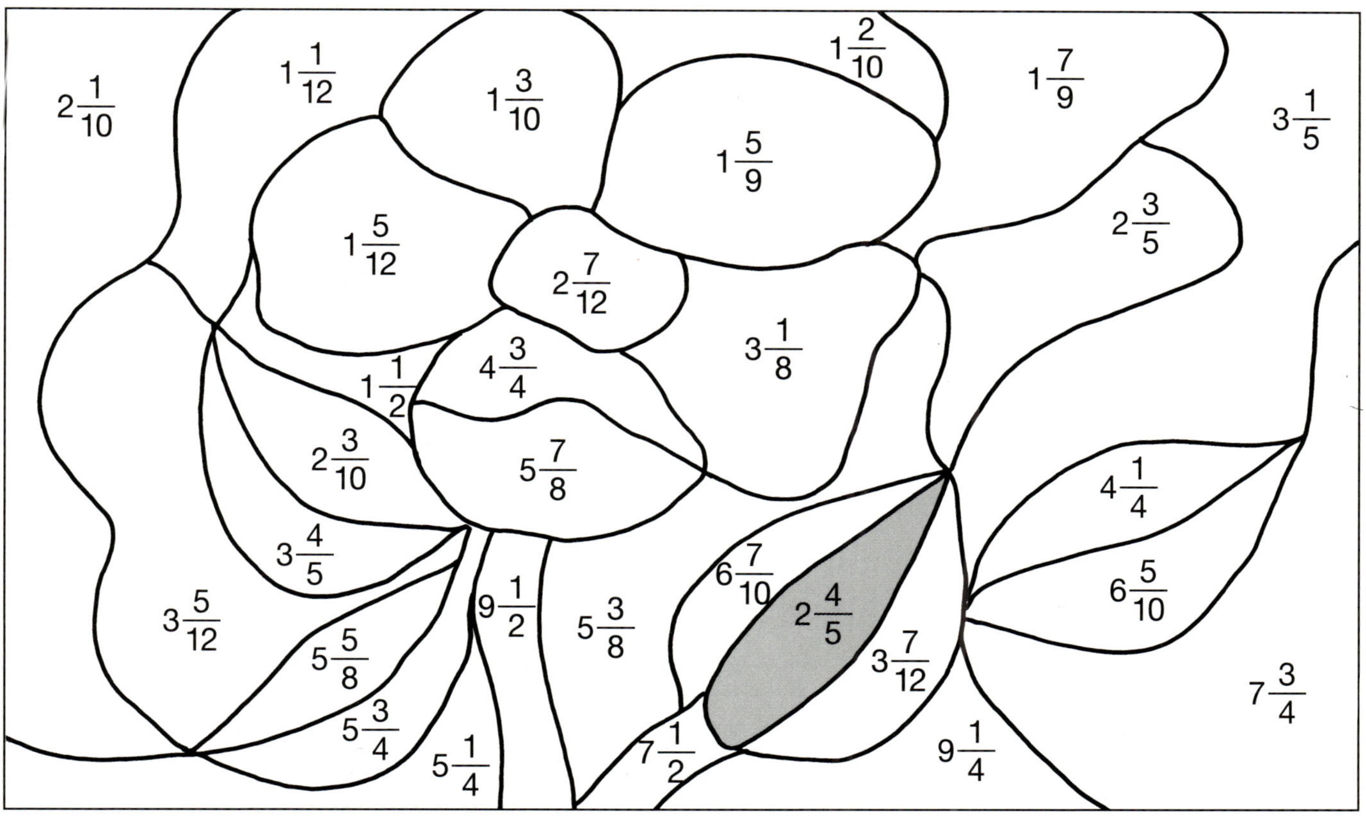

Addition und Subtraktion gemischter Zahlen

① $2\frac{1}{5} + \frac{3}{5} = 2\frac{4}{5}$

② $3\frac{3}{8} + 2\frac{2}{8} = 5\frac{5}{8}$

③ $4\frac{1}{2} + 5 = 9\frac{1}{2}$

④ $\frac{4}{8} + 5\frac{3}{8} = 5\frac{7}{8}$

⑤ $2\frac{4}{10} + 4\frac{3}{10} = 6\frac{7}{10}$

⑥ $5 + 2\frac{1}{2} = 7\frac{1}{2}$

⑦ $3\frac{1}{4} + 2\frac{2}{4} = 5\frac{3}{4}$

⑧ $2\frac{5}{12} + \frac{2}{12} = 2\frac{7}{12}$

⑨ $1\frac{7}{10} - \frac{4}{10} = 1\frac{3}{10}$

⑩ $2\frac{11}{12} - 1\frac{6}{12} = 1\frac{5}{12}$

⑪ $3\frac{5}{9} - 2 = 1\frac{5}{9}$

⑫ $3\frac{7}{8} - \frac{6}{8} = 3\frac{1}{8}$

⑬ $4\frac{5}{10} - 2\frac{2}{10} = 2\frac{3}{10}$

⑭ $7\frac{4}{5} - 4 = 3\frac{4}{5}$

⑮ $8\frac{3}{4} - 4 = 4\frac{3}{4}$

⑯ $6\frac{9}{12} - 3\frac{2}{12} = 3\frac{7}{12}$

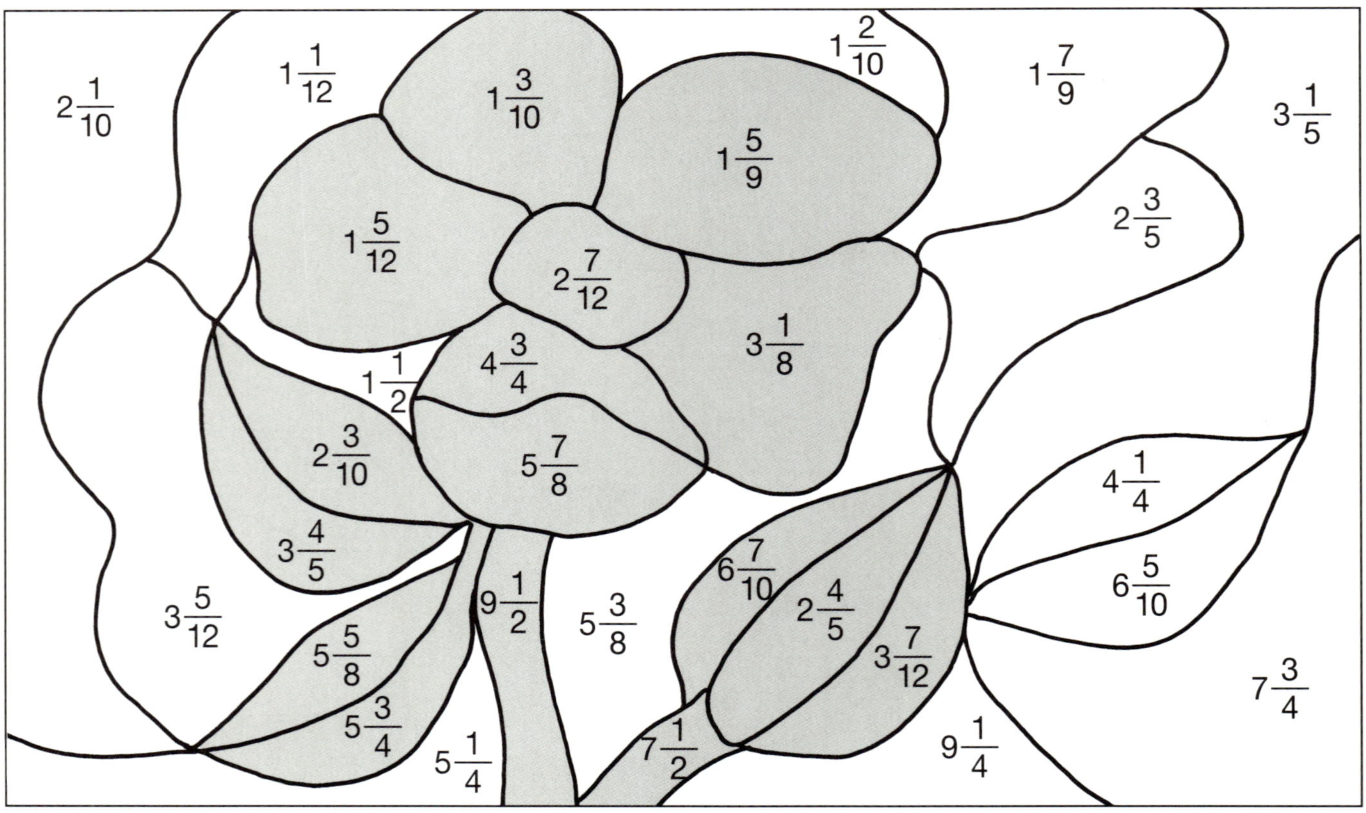

Addition und Subtraktion gemischter Zahlen

Spielregel:

- Löse alle Aufgaben und notiere die Ergebnisse als gemischte Zahlen hinter den Aufgaben.
- Suche die Ergebniszahlen im „Schlüssel" und notiere die zugehörigen Silben oder Wörter unter den Aufgaben.
- Bei richtiger Lösung erfährst du den Lösungsspruch.

Schlüssel:

$6\frac{3}{5}$ EINE | $6\frac{1}{6}$ MACH | $6\frac{4}{9}$ CHAN- | $6\frac{4}{10}$ ALLE | $6\frac{8}{10}$ ANDEREN | $7\frac{2}{3}$ AUCH

$7\frac{2}{4}$ GIB | $7\frac{2}{5}$ SELBST | $7\frac{2}{7}$ NICHT | $7\frac{4}{7}$ CE | $7\frac{2}{8}$ FEH- | $7\frac{3}{9}$ LER

① $2\frac{2}{6} + 3\frac{5}{6} = 6\frac{1}{6}$

MACH

② $4\frac{4}{7} + 2\frac{5}{7} =$

③ $3\frac{6}{10} + 2\frac{8}{10} =$

④ $4\frac{5}{8} + 2\frac{5}{8} =$

⑤ $5\frac{4}{9} + 1\frac{8}{9} =$

⑥ $3\frac{4}{5} + 3\frac{3}{5} =$

⑦ $8\frac{1}{4} - \frac{3}{4} =$

⑧ $7\frac{3}{10} - \frac{5}{10} =$

⑨ $9\frac{1}{3} - 1\frac{2}{3} =$

⑩ $7\frac{2}{5} - \frac{4}{5} =$

⑪ $7\frac{2}{9} - \frac{7}{9} =$

⑫ $10\frac{2}{7} - 2\frac{5}{7} =$

Lösungsspruch:

M A C H ☐☐☐☐☐ ☐☐☐☐ ☐☐☐☐☐☐

☐☐☐☐☐☐, ☐☐☐ ☐☐☐☐☐☐☐

☐☐☐☐ ☐☐☐☐ ☐☐☐☐☐☐.

Addition und Subtraktion gemischter Zahlen

① $2\frac{2}{6} + 3\frac{5}{6} = 6\frac{1}{6}$ — **MACH**

② $4\frac{4}{7} + 2\frac{5}{7} = 7\frac{2}{7}$ — **NICHT**

③ $3\frac{6}{10} + 2\frac{8}{10} = 6\frac{4}{10}$ — **ALLE**

④ $4\frac{5}{8} + 2\frac{5}{8} = 7\frac{2}{8}$ — **FEH-**

⑤ $5\frac{4}{9} + 1\frac{8}{9} = 7\frac{3}{9}$ — **LER**

⑥ $3\frac{4}{5} + 3\frac{3}{5} = 7\frac{2}{5}$ — **SELBST**

⑦ $8\frac{1}{4} - \frac{3}{4} = 7\frac{2}{4}$ — **GIB**

⑧ $7\frac{3}{10} - \frac{5}{10} = 6\frac{8}{10}$ — **ANDEREN**

⑨ $9\frac{1}{3} - 1\frac{2}{3} = 7\frac{2}{3}$ — **AUCH**

⑩ $7\frac{2}{5} - \frac{4}{5} = 6\frac{3}{5}$ — **EINE**

⑪ $7\frac{2}{9} - \frac{7}{9} = 6\frac{4}{9}$ — **CHAN-**

⑫ $10\frac{2}{7} - 2\frac{5}{7} = 7\frac{4}{7}$ — **CE**

Lösungsspruch:

MACH NICHT ALLE FEHLER SELBST, GIB ANDEREN AUCH EINE CHANCE.

Multiplikation von Brüchen mit ganzen Zahlen

Spielregel:

- Löse alle Aufgaben und notiere die Ergebnisse möglichst als gemischte Zahl.
- Verbinde im Bildteil die Punkte bei den Ergebniszahlen in der Reihenfolge der Aufgaben.
- Bei richtiger Lösung entsteht eine Bildfigur.

① $\frac{2}{5} \cdot 4 = \frac{8}{5} = 1\frac{3}{5}$

② $2 \cdot \frac{16}{100} = \frac{32}{100}$

③ $5 \cdot \frac{8}{100} =$ ____

④ $\frac{2}{12} \cdot 4 =$ ____

⑤ $2 \cdot \frac{2}{5} =$ ____

⑥ $\frac{3}{10} \cdot 3 =$ ____

⑦ $2 \cdot \frac{5}{6} =$ ____

⑧ $\frac{5}{9} \cdot 4 =$ ____

⑨ $6 \cdot \frac{2}{5} =$ ____

⑩ $5 \cdot \frac{8}{10} =$ ____

⑪ $6 \cdot \frac{3}{4} =$ ____

⑫ $4 \cdot \frac{5}{6} =$ ____

⑬ $2 \cdot \frac{16}{10} =$ ____

⑭ $\frac{8}{9} \cdot 3 =$ ____

⑮ $\frac{3}{4} \cdot 3 =$ ____

⑯ $2 \cdot \frac{4}{5} =$ ____

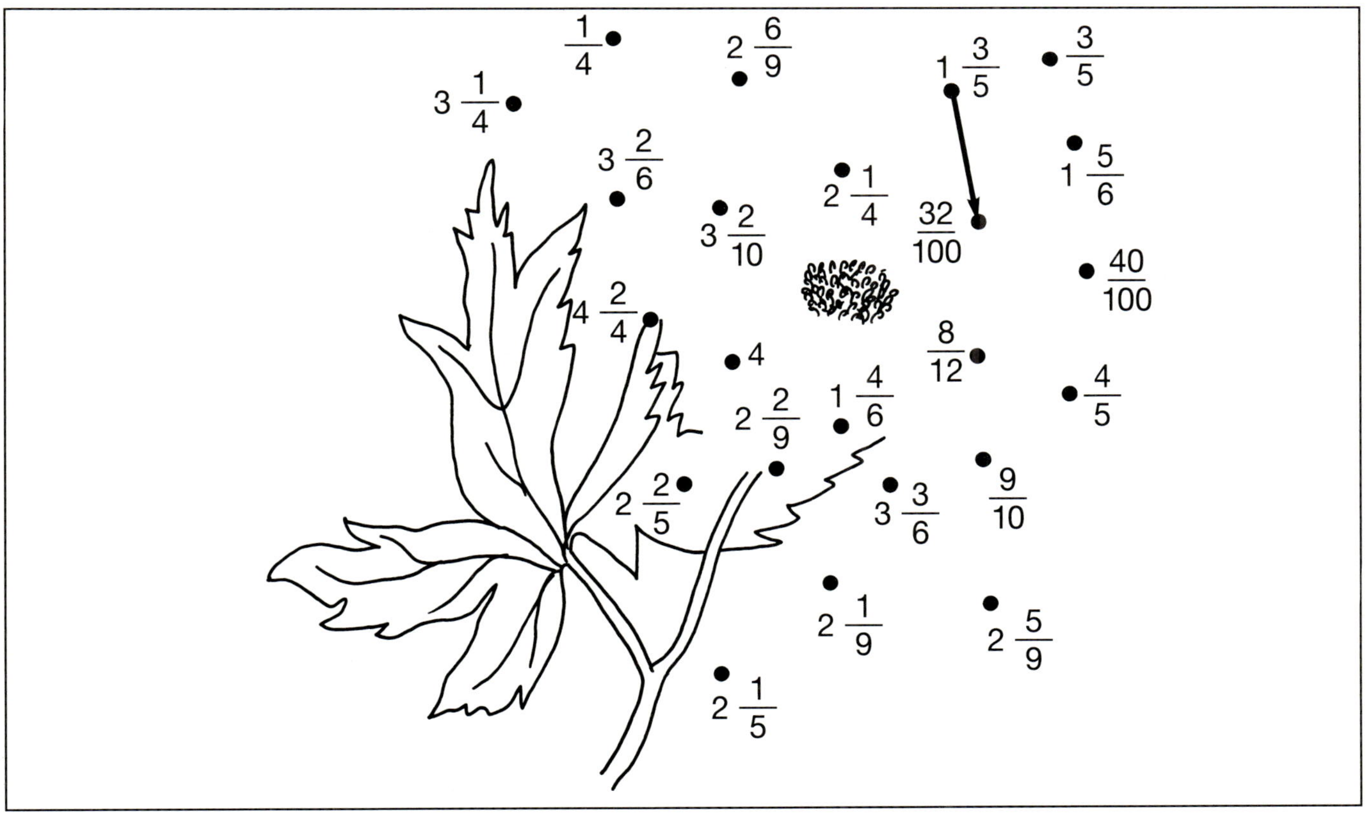

Multiplikation von Brüchen mit ganzen Zahlen

① $\frac{2}{5} \cdot 4 = \frac{8}{5} = 1\frac{3}{5}$

② $2 \cdot \frac{16}{100} = \frac{32}{100}$

③ $5 \cdot \frac{8}{100} = \frac{40}{100}$

④ $\frac{2}{12} \cdot 4 = \frac{8}{12}$

⑤ $2 \cdot \frac{2}{5} = \frac{4}{5}$

⑥ $\frac{3}{10} \cdot 3 = \frac{9}{10}$

⑦ $2 \cdot \frac{5}{6} = 1\frac{4}{6}$

⑧ $\frac{5}{9} \cdot 4 = 2\frac{2}{9}$

⑨ $6 \cdot \frac{2}{5} = 2\frac{2}{5}$

⑩ $5 \cdot \frac{8}{10} = 4$

⑪ $6 \cdot \frac{3}{4} = 4\frac{2}{4}$

⑫ $4 \cdot \frac{5}{6} = 3\frac{2}{6}$

⑬ $2 \cdot \frac{16}{10} = 3\frac{2}{10}$

⑭ $\frac{8}{9} \cdot 3 = 2\frac{6}{9}$

⑮ $\frac{3}{4} \cdot 3 = 2\frac{1}{4}$

⑯ $2 \cdot \frac{4}{5} = 1\frac{3}{5}$

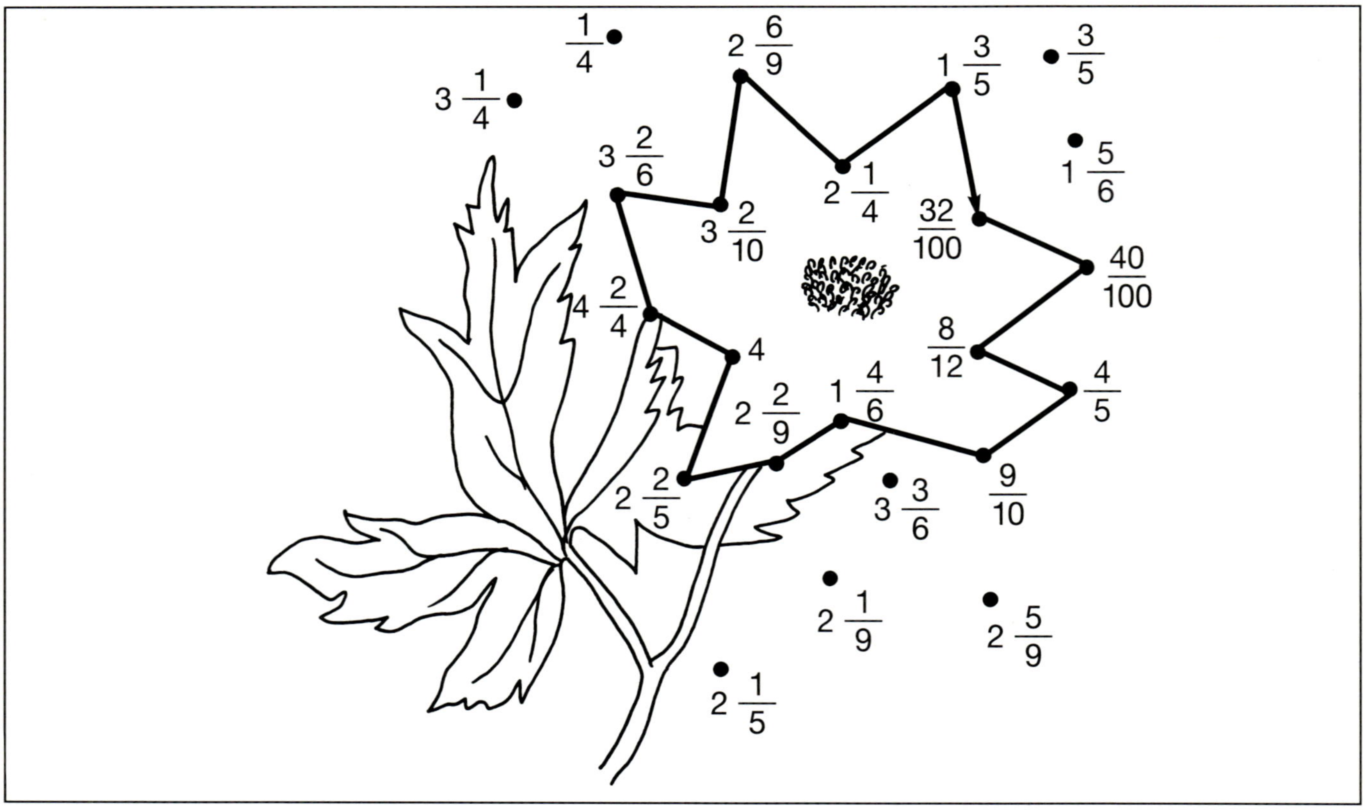

Multiplikation von ganzen Zahlen mit gemischten Zahlen

Spielregel:

- Schneide die Dominoteile („Tortenstücke") entlang der durchgezogenen Linien aus.
- Rechne die Aufgabe auf einem beliebigen Dominoteil mit den Zwischenergebnissen aus und notiere das Endergebnis als gemischte Zahl auf dem Doppelstrich.
- Suche das Dominoteil mit der richtigen Lösung, lege es rechts daneben und löse die neue Aufgabe.
- Wenn du alle Aufgaben richtig gelöst hast, entsteht in der Mitte ein Lösungsbild.

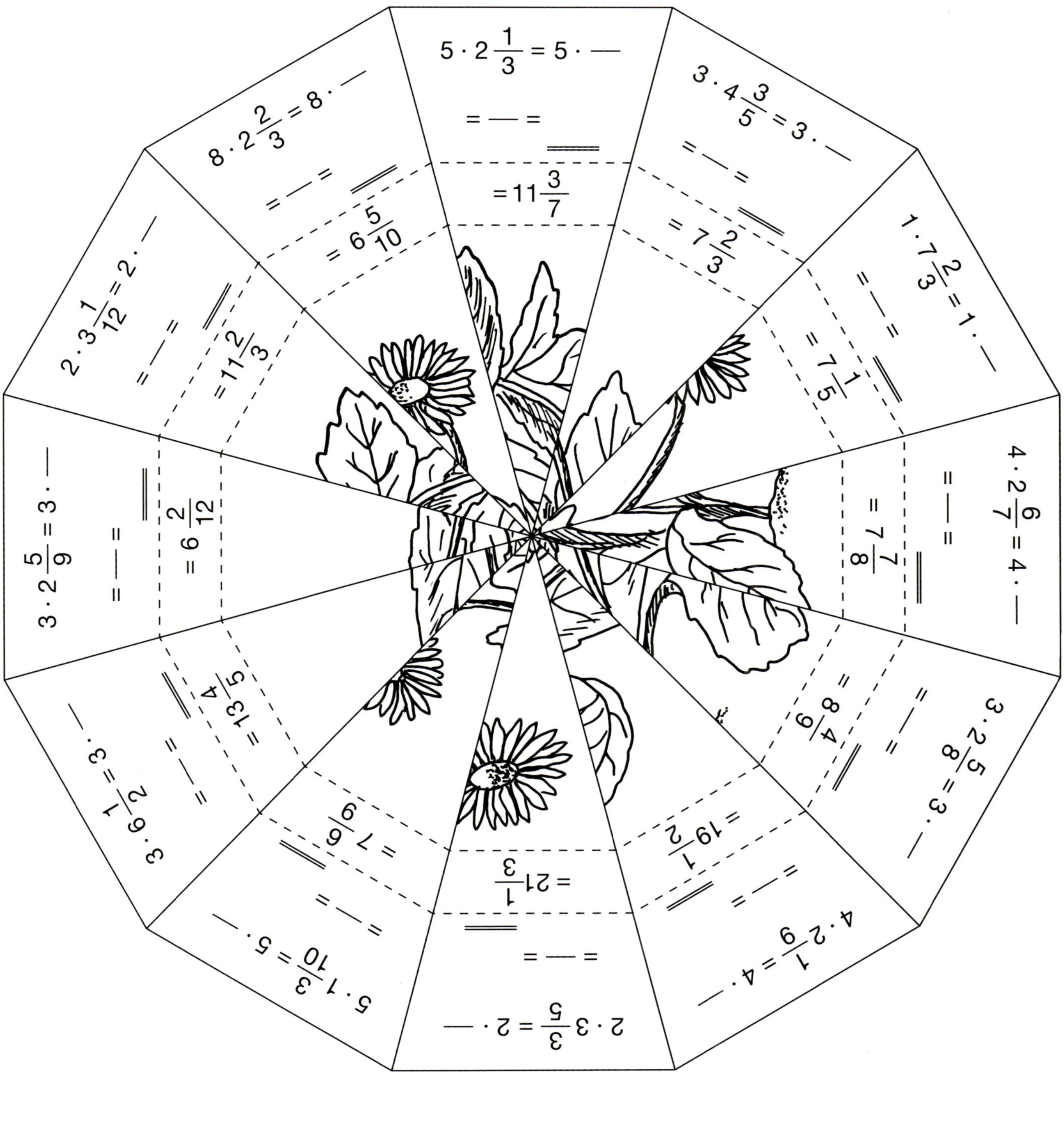

Multiplikation von ganzen Zahlen mit gemischten Zahlen

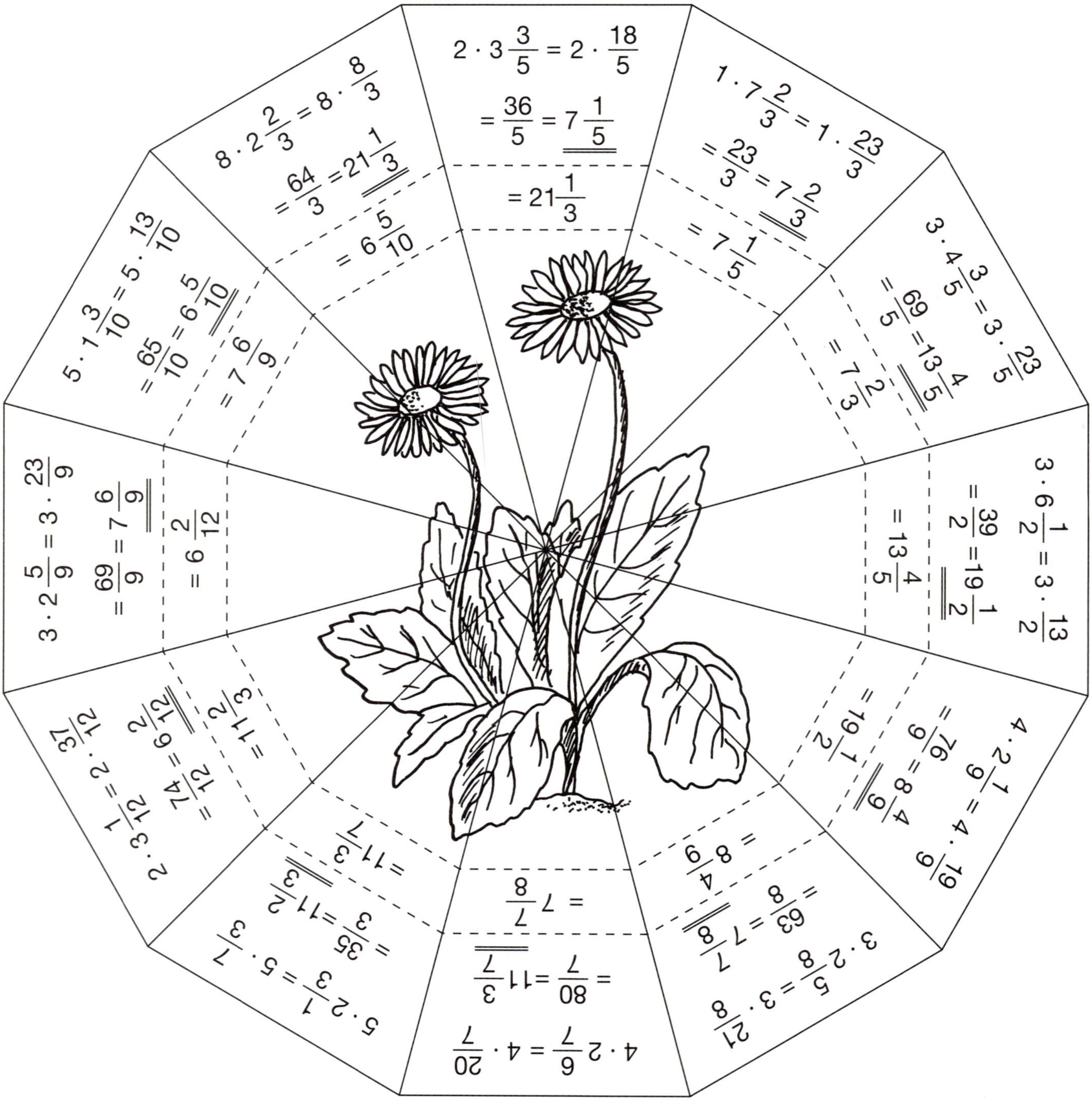

Division von Stammbrüchen durch ganze Zahlen

Spielregel:

- Löse die Aufgaben und notiere die Ergebnisse.
- Suche die Ergebniszahlen im Bildteil und male die zugehörigen Felder mit einer beliebigen Farbe aus.
- Zu jedem Ergebnis gehört genau ein Ausmalfeld.
- Bei richtiger Lösung entsteht ein Bild.

① $\frac{1}{2} : 5 = \frac{1 \cdot 1}{2 \cdot 5} = \frac{1}{10}$

② $\frac{1}{2} : 4 =$ ______ = ___

③ $\frac{1}{2} : 3 =$ ______ = ___

④ $\frac{1}{2} : 2 =$ ______ = ___

⑤ $\frac{1}{3} : 6 =$ ______ = ___

⑥ $\frac{1}{3} : 4 =$ ______ = ___

⑦ $\frac{1}{3} : 3 =$ ______ = ___

⑧ $\frac{1}{4} : 4 =$ ______ = ___

⑨ $\frac{1}{4} : 5 =$ ______ = ___

⑩ $\frac{1}{4} : 6 =$ ______ = ___

⑪ $\frac{1}{5} : 5 =$ ______ = ___

⑫ $\frac{1}{5} : 3 =$ ______ = ___

⑬ $\frac{1}{5} : 1 =$ ______ = ___

⑭ $\frac{1}{7} : 2 =$ ______ = ___

⑮ $\frac{1}{7} : 3 =$ ______ = ___

⑯ $\frac{1}{7} : 5 =$ ______ = ___

⑰ $\frac{1}{2} : 1 =$ ______ = ___

⑱ $\frac{1}{6} : 6 =$ ______ = ___

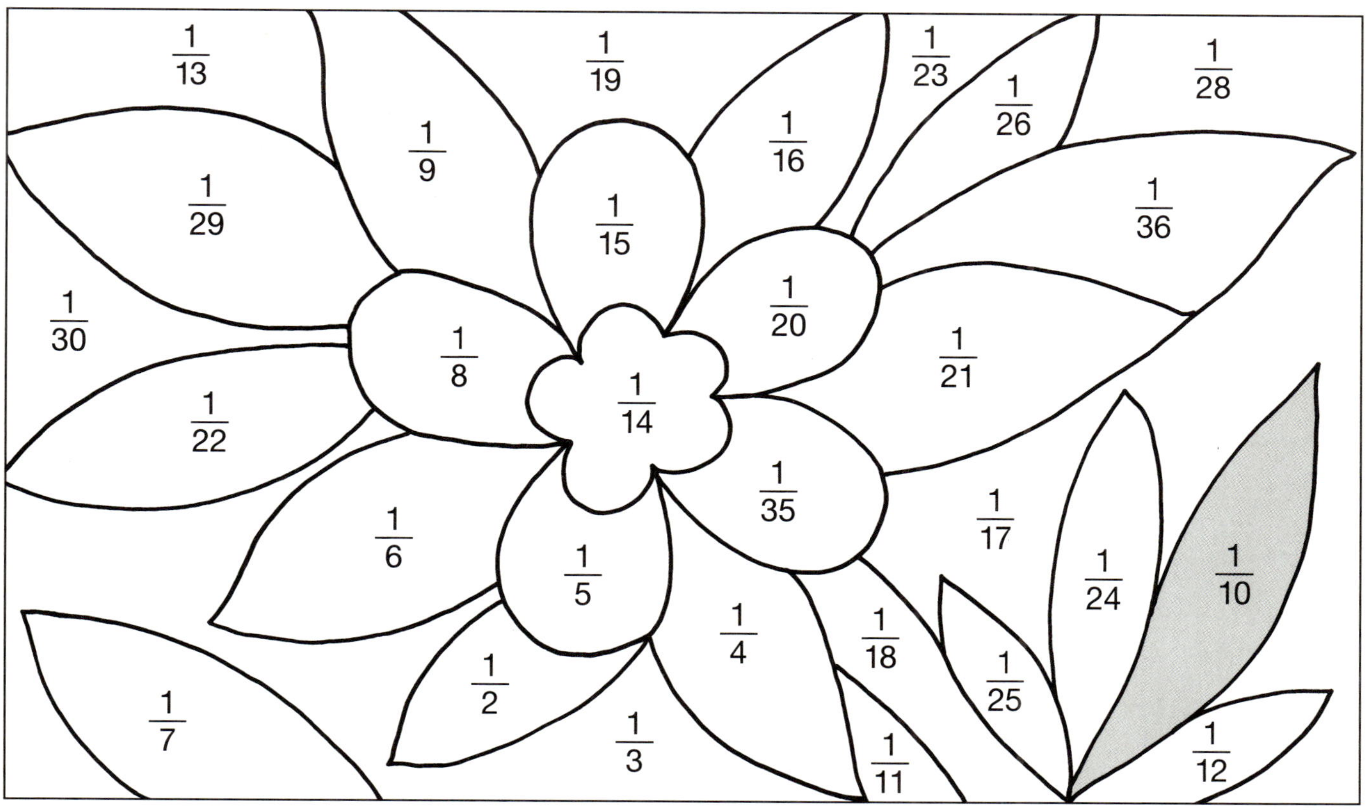

Division von Stammbrüchen durch ganze Zahlen

1. $\frac{1}{2} : 5 = \frac{1 \cdot 1}{2 \cdot 5} = \frac{1}{10}$
2. $\frac{1}{2} : 4 = \frac{1}{8}$
3. $\frac{1}{2} : 3 = \frac{1}{6}$
4. $\frac{1}{2} : 2 = \frac{1}{4}$
5. $\frac{1}{3} : 6 = \frac{1}{18}$
6. $\frac{1}{3} : 4 = \frac{1}{12}$
7. $\frac{1}{3} : 3 = \frac{1}{9}$
8. $\frac{1}{4} : 4 = \frac{1}{16}$
9. $\frac{1}{4} : 5 = \frac{1}{20}$
10. $\frac{1}{4} : 6 = \frac{1}{24}$
11. $\frac{1}{5} : 5 = \frac{1}{25}$
12. $\frac{1}{5} : 3 = \frac{1}{15}$
13. $\frac{1}{5} : 1 = \frac{1}{5}$
14. $\frac{1}{7} : 2 = \frac{1}{14}$
15. $\frac{1}{7} : 3 = \frac{1}{21}$
16. $\frac{1}{7} : 5 = \frac{1}{35}$
17. $\frac{1}{2} : 1 = \frac{1}{2}$
18. $\frac{1}{6} : 6 = \frac{1}{36}$

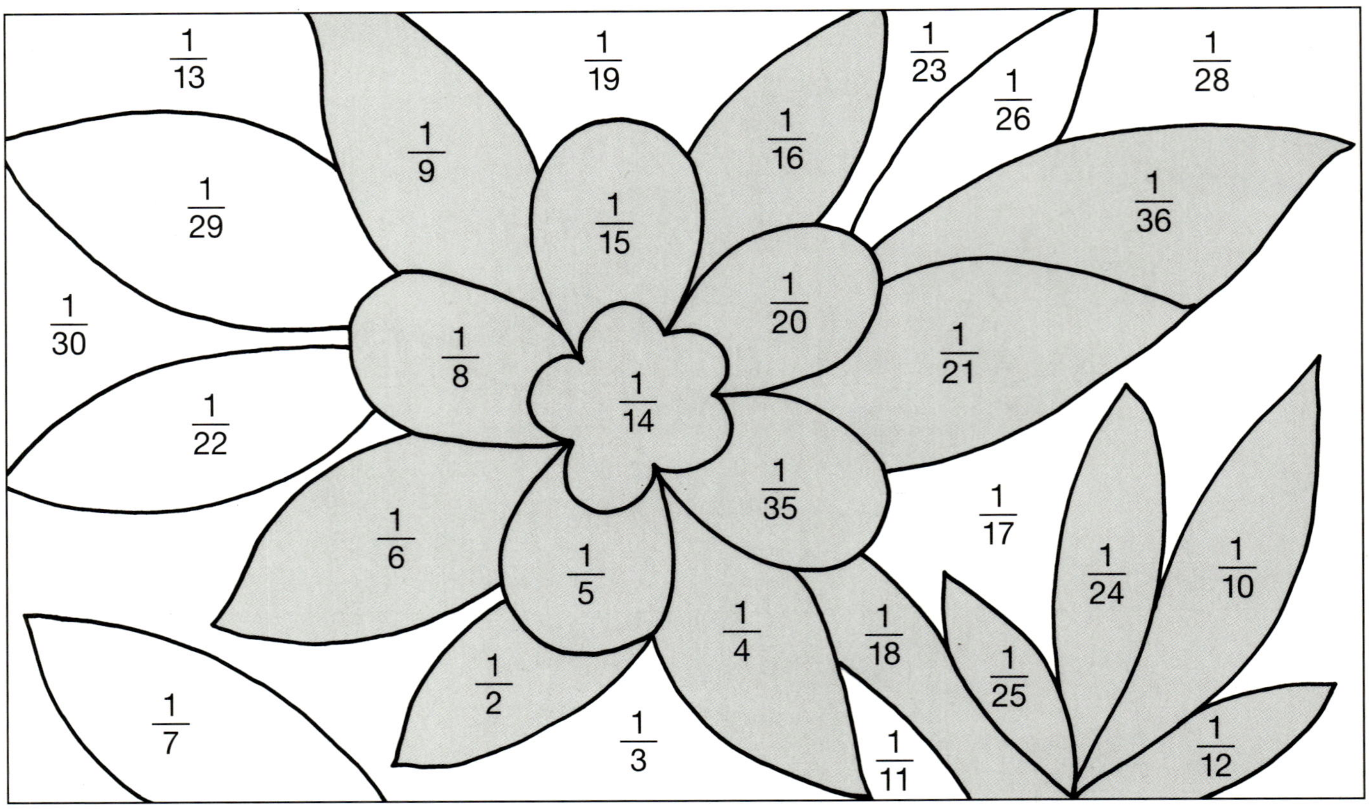

Division von Brüchen durch ganze Zahlen

Spielregel:
- Löse alle Aufgaben im Spielplan und notiere die Ergebnisse unter den Aufgaben.
- Schneide alle Puzzleteile aus und lege sie im Spielplan auf die Felder mit den errechneten Ergebnissen.
- Bei richtiger Lösung entsteht ein Bild.
- Tipp: Klebe die Puzzleteile auf und male das Bild aus.

Spielplan:

$\frac{1}{7} : 3 = \frac{1}{7 \cdot 3}$ = ____	$\frac{7}{8} : 4 =$ ____ = ____	$\frac{7}{10} : 5 =$ ____ = ____	$\frac{1}{5} : 4 =$ ____ = ____	$\frac{5}{6} : 2 =$ ____ = ____
$\frac{5}{12} : 7 =$ ____ = ____	$\frac{2}{3} : 5 =$ ____ = ____	$\frac{5}{8} : 2 =$ ____ = ____	$\frac{4}{7} : 5 =$ ____ = ____	$\frac{2}{5} : 5 =$ ____ = ____
$\frac{4}{7} : 6 =$ ____ = ____	$\frac{5}{9} : 3 =$ ____ = ____	$\frac{6}{7} : 3 =$ ____ = ____	$\frac{2}{5} : 3 =$ ____ = ____	$\frac{1}{10} : 4 =$ ____ = ____

Puzzleteile:

Division von Brüchen durch ganze Zahlen

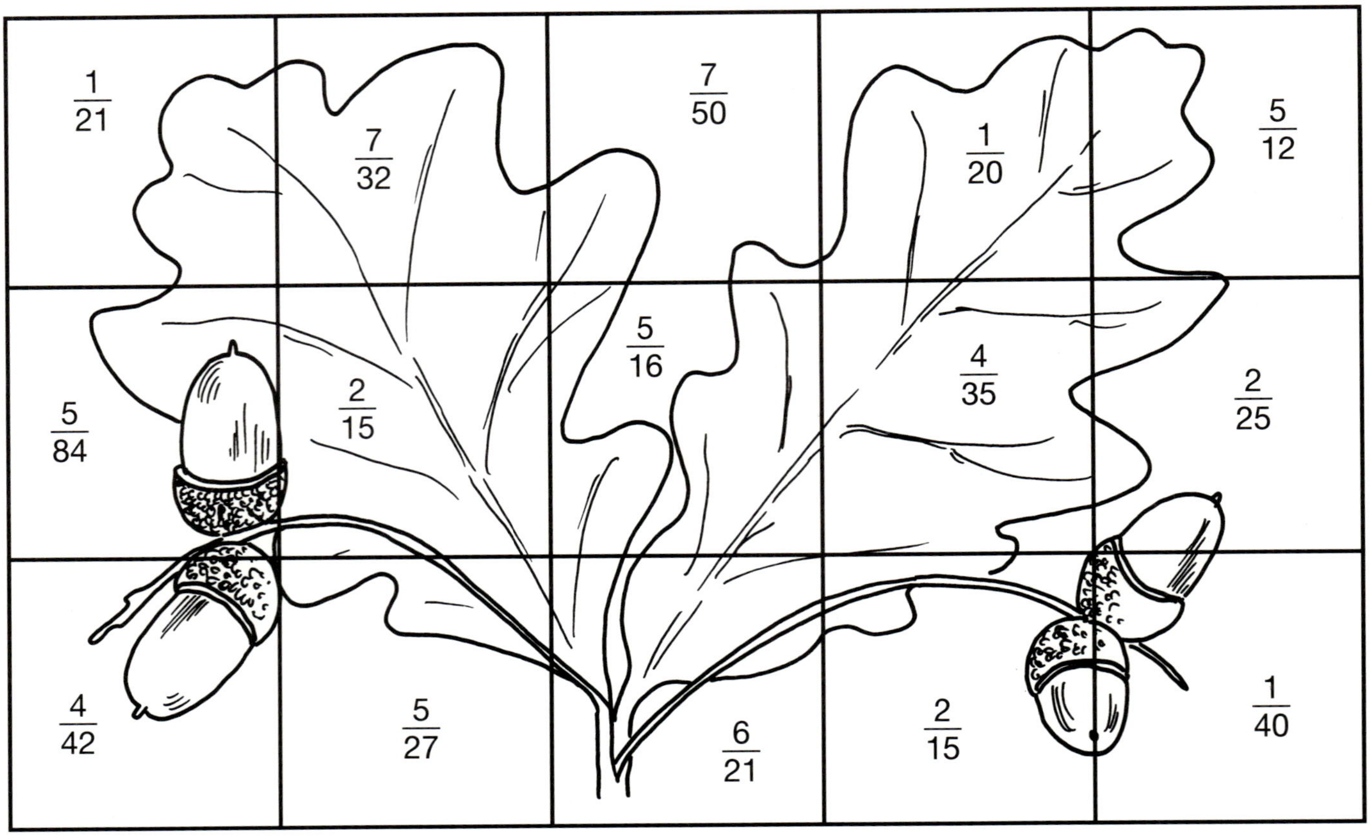

Division von gemischten Zahlen durch ganze Zahlen

$= \frac{29}{32}$ $1\frac{1}{2} : 2$	$= 1\frac{6}{15}$ $2\frac{1}{3} : 5$	$= 1\frac{1}{15}$ $1\frac{1}{3} : 5$	$1\frac{2}{3} : 5$ $= 1\frac{3}{15}$	$= \frac{9}{12}$ $3\frac{3}{5} : 3$	$= 1\frac{13}{16}$ $1\frac{2}{3} : 3$	$1\frac{1}{3} : 2$ $= \frac{3}{4}$	$3\frac{1}{5} : 3$ $= \frac{7}{8}$
$4\frac{1}{5} : 3$ $= \frac{11}{16}$	$= \frac{4}{6}$ $1\frac{3}{4} : 2$	$3\frac{5}{8} : 2$ $= \frac{4}{15}$	$= \frac{7}{12}$ $2\frac{3}{4} : 4$	$2\frac{1}{4} : 3$ $= \frac{5}{9}$	$3\frac{5}{8} : 4$ $= \frac{7}{15}$	$2\frac{1}{3} : 4$ $= 1\frac{5}{24}$	$= \frac{5}{15}$ $3\frac{5}{8} : 3$

Spielregel:

- Schneide die Dominoteile entlang der durchgezogenen Linien aus.
- Suche ein beliebiges Dominoteil heraus und löse die Aufgabe. Wandle das Ergebnis wenn möglich in eine gemischte Zahl um. Notiere das Endergebnis.
- Suche das Dominoteil mit der richtigen Lösung, lege es rechts daneben und löse die neue Aufgabe usw.
- Wenn du alle Aufgaben richtig gelöst hast, entstehen in der Mitte Lösungsbilder.
- Tipp: Klebe die Dominoteile auf und male sie aus.

Division von gemischten Zahlen durch ganze Zahlen

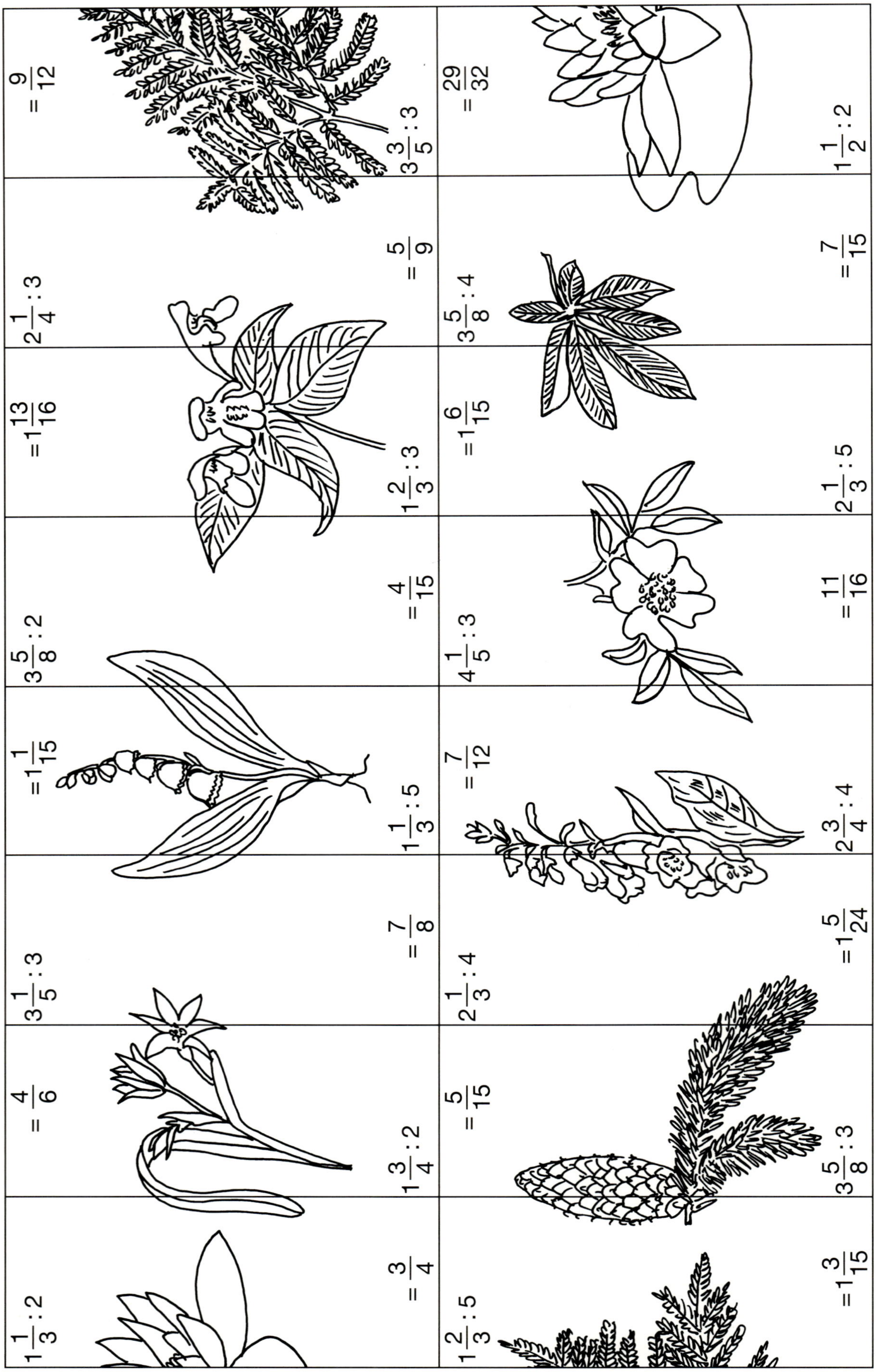

Multiplikation und Division von Brüchen und ganzen Zahlen

Spielregel:
- Löse die Aufgaben und notiere die Ergebnisse möglichst als gemischte Zahl.
- Suche die Ergebniszahlen im Bildteil und male die zugehörigen Felder mit einer beliebigen Farbe aus.
- Zu jedem Ergebnis gehört genau ein Ausmalfeld.
- Bei richtiger Lösung entsteht ein Bild.

① $\frac{4}{5} \cdot 3 = \frac{4 \cdot 3}{5} = \frac{12}{5} = 2\frac{2}{5}$

② $\frac{5}{4} \cdot 5 = \_\_\_ = \_\_\_ = \_\_\_$

③ $\frac{2}{3} \cdot 8 = \_\_\_ = \_\_\_ = \_\_\_$

④ $\frac{6}{8} \cdot 3 = \_\_\_ = \_\_\_ = \_\_\_$

⑤ $\frac{5}{7} \cdot 6 = \_\_\_ = \_\_\_ = \_\_\_$

⑥ $\frac{11}{12} \cdot 5 = \_\_\_ = \_\_\_ = \_\_\_$

⑦ $\frac{6}{7} : 3 = \_\_\_ = \_\_\_$

⑧ $\frac{5}{8} : 6 = \_\_\_ = \_\_\_$

⑨ $\frac{10}{12} : 5 = \_\_\_ = \_\_\_$

⑩ $\frac{4}{5} : 3 = \_\_\_ = \_\_\_$

⑪ $\frac{7}{4} : 5 = \_\_\_ = \_\_\_$

⑫ $\frac{1}{3} : 8 = \_\_\_ = \_\_\_$

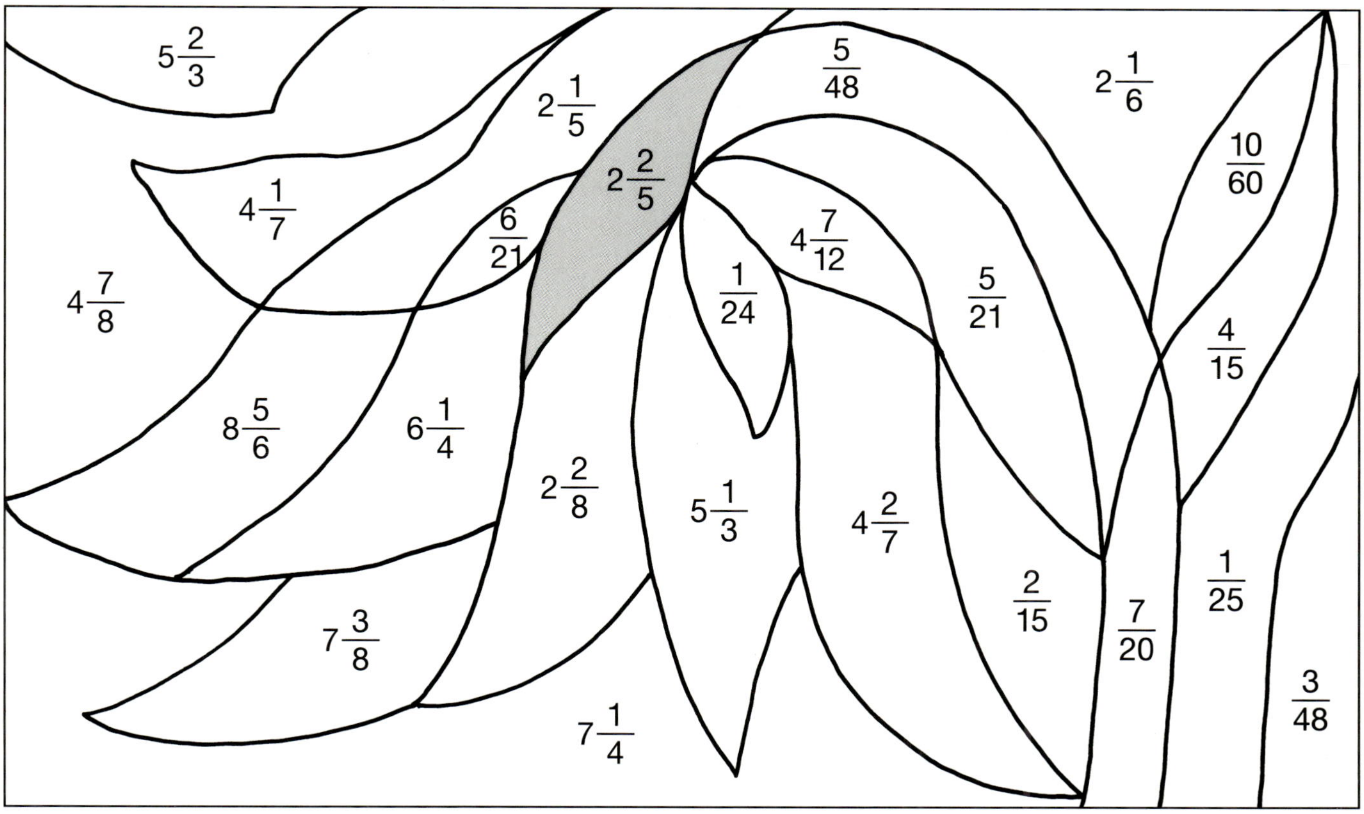

Multiplikation und Division von Brüchen und ganzen Zahlen

① $\frac{4}{5} \cdot 3 = \frac{4 \cdot 3}{5} = \frac{12}{5} = 2\frac{2}{5}$

② $\frac{5}{4} \cdot 5 = \frac{5 \cdot 5}{4} = \frac{25}{4} = 6\frac{1}{4}$

③ $\frac{2}{3} \cdot 8 = \frac{2 \cdot 8}{3} = \frac{16}{3} = 5\frac{1}{3}$

④ $\frac{6}{8} \cdot 3 = \frac{6 \cdot 3}{8} = \frac{18}{8} = 2\frac{2}{8}$

⑤ $\frac{5}{7} \cdot 6 = \frac{5 \cdot 6}{7} = \frac{30}{7} = 4\frac{2}{7}$

⑥ $\frac{11}{12} \cdot 5 = \frac{11 \cdot 5}{12} = \frac{55}{12} = 4\frac{7}{12}$

⑦ $\frac{6}{7} : 3 = \frac{6 \cdot 1}{7 \cdot 3} = \frac{6}{21}$

⑧ $\frac{5}{8} : 6 = \frac{5 \cdot 1}{8 \cdot 6} = \frac{5}{48}$

⑨ $\frac{10}{12} : 5 = \frac{10 \cdot 1}{12 \cdot 5} = \frac{10}{60}$

⑩ $\frac{4}{5} : 3 = \frac{4 \cdot 1}{5 \cdot 3} = \frac{4}{15}$

⑪ $\frac{7}{4} : 5 = \frac{7 \cdot 1}{4 \cdot 5} = \frac{7}{20}$

⑫ $\frac{1}{3} : 8 = \frac{1 \cdot 1}{3 \cdot 8} = \frac{1}{24}$

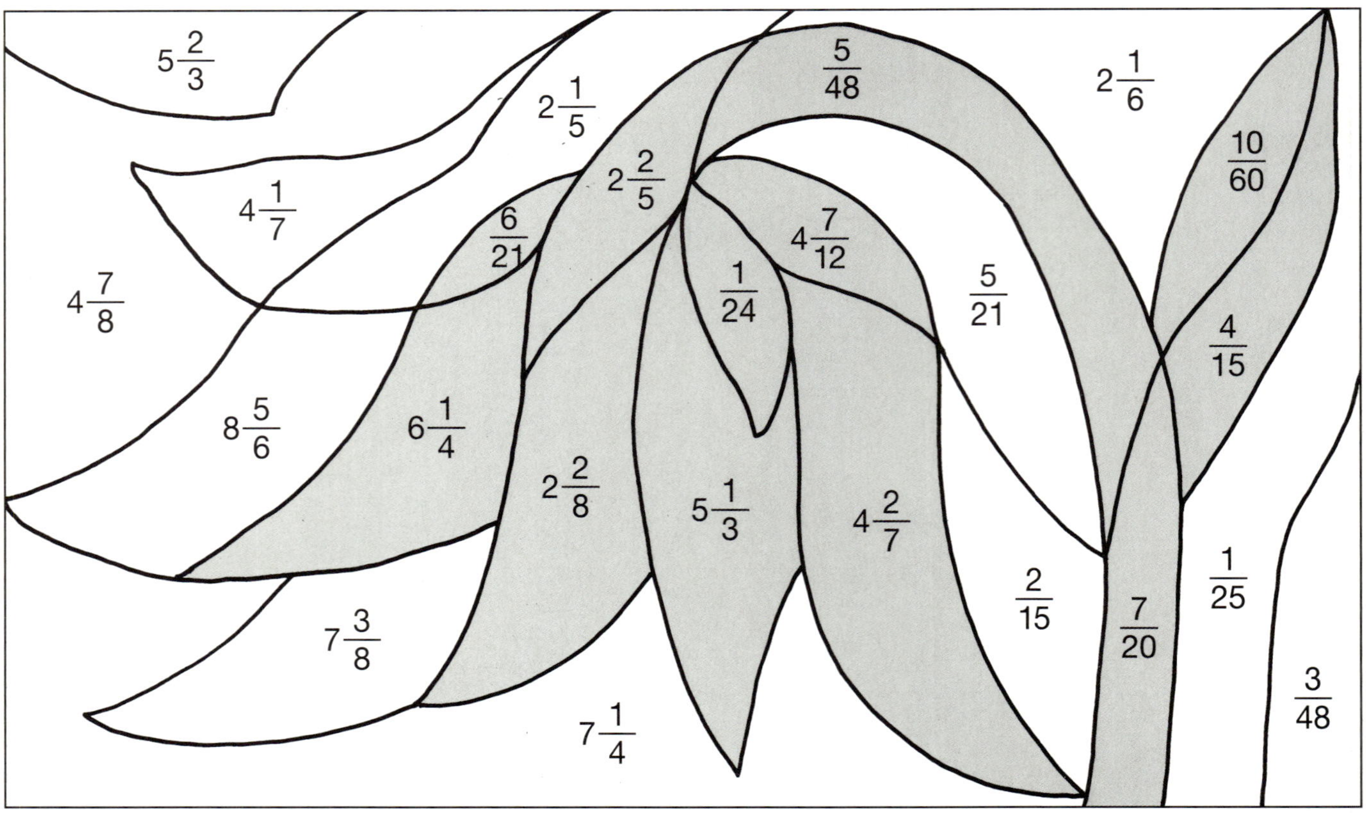

Multiplikation und Division gemischter Zahlen und ganzer Zahlen

Spielregel:
- Schneide die Dominoteile entlang der durchgezogenen Linien aus.
- Suche ein beliebiges Dominoteil heraus und löse die Aufgabe. Wandle das Ergebnis wenn möglich in eine gemischte Zahl um. Notiere das Endergebnis.
- Suche das Dominoteil mit der richtigen Lösung, lege es rechts daneben und löse die neue Aufgabe usw.
- Wenn du alle Aufgaben richtig gelöst hast, entstehen in der Mitte Lösungsbilder.
- Tipp: Klebe die Dominoteile auf und male sie aus.

Multiplikation und Division gemischter Zahlen und ganzer Zahlen

$= \frac{25}{40}$ $4\frac{3}{4} \cdot 5 = \frac{19 \cdot 5}{4} = \frac{95}{4} = 23\frac{3}{4}$	$2\frac{3}{5} \cdot 3 = 7\frac{4}{5}$ $= 23\frac{3}{4}$	$= 7\frac{4}{5}$ $3\frac{1}{5} \cdot 4 = 12\frac{4}{5}$	$1\frac{4}{7} \cdot 5 = 7\frac{6}{7}$ $= 12\frac{4}{5}$	$= 7\frac{6}{7}$ $4\frac{6}{10} \cdot 2 = 9\frac{2}{10}$	$2\frac{1}{9} \cdot 5 = 10\frac{5}{9}$ $= 9\frac{2}{10}$
$= 10\frac{5}{9}$ $3\frac{2}{6} : 4 = \frac{20}{24}$	$5\frac{1}{7} : 2 = 2\frac{8}{14}$ $= \frac{20}{24}$	$= 2\frac{8}{14}$ $2\frac{1}{3} : 3 = \frac{7}{9}$	$5\frac{5}{2} : 2 = 3\frac{3}{4}$ $= \frac{7}{9}$	$= 3\frac{3}{4}$ $3\frac{5}{8} : 3 = 1\frac{5}{24}$	$3\frac{1}{8} : 5 = \frac{25}{40}$ $= 1\frac{5}{24}$

Erweitern

Spielregel:
- Erweitere die Brüche wie angegeben.
- Suche zu jedem Ergebnis im „Schlüssel“ die zugehörigen Buchstaben und notiere sie hinter dem Ergebnis.
- Bei richtiger Lösung erfährst du den Lösungsspruch.
  Notiere ihn unten auf dem Blatt.

a) Erweitere mit 3

	Buchstaben
$\frac{1}{2} = \frac{3}{6}$	LÄ-
$\frac{2}{3} = \frac{\_\_}{\_\_}$	
$\frac{3}{4} = \frac{\_\_}{\_\_}$	
$\frac{2}{5} = \frac{\_\_}{\_\_}$	

b) Erweitere mit 5

	Buchstaben
$\frac{1}{2} = \frac{\_\_}{\_\_}$	
$\frac{2}{3} = \frac{\_\_}{\_\_}$	
$\frac{3}{4} = \frac{\_\_}{\_\_}$	
$\frac{2}{5} = \frac{\_\_}{\_\_}$	

c) Erweitere mit 4

	Buchstaben
$\frac{1}{2} = \frac{\_\_}{\_\_}$	
$\frac{2}{3} = \frac{\_\_}{\_\_}$	
$\frac{3}{4} = \frac{\_\_}{\_\_}$	
$\frac{2}{5} = \frac{\_\_}{\_\_}$	

d) Erweitere mit 8

	Buchstaben
$\frac{1}{2} = \frac{\_\_}{\_\_}$	
$\frac{2}{3} = \frac{\_\_}{\_\_}$	
$\frac{3}{4} = \frac{\_\_}{\_\_}$	
$\frac{2}{5} = \frac{\_\_}{\_\_}$	

SCHLÜSSEL:

$\frac{3}{6}$ →	LÄ-
$\frac{4}{8}$ →	SEINEN
$\frac{6}{9}$ →	CHELN
$\frac{5}{10}$ →	ELE-
$\frac{8}{12}$ →	GEG-
$\frac{9}{12}$ →	IST
$\frac{6}{15}$ →	DIE
$\frac{10}{15}$ →	GAN-
$\frac{8}{16}$ →	ZÄH-
$\frac{12}{16}$ →	NERN
$\frac{8}{20}$ →	DIE
$\frac{15}{20}$ →	TESTE
$\frac{16}{24}$ →	NE
$\frac{10}{25}$ →	ART
$\frac{24}{32}$ →	ZU
$\frac{16}{40}$ →	ZEIGEN

Lösungsspruch:

L Ä _ _ _ _   _ _ _   _ _ _   _ _ _ _ _ _ _ _ _ _ _

_ _ _,   _ _ _ _ _ _   _ _ _ _ _ _ _   _ _ _

_ _ _ _ _   _ _   _ _ _ _ _ _.

Erweitern

a) Erweitere mit 3

	Buchstaben
$\frac{1}{2} = \frac{3}{6}$	LÄ-
$\frac{2}{3} = \frac{6}{9}$	CHELN
$\frac{3}{4} = \frac{9}{12}$	IST
$\frac{2}{5} = \frac{6}{15}$	DIE

b) Erweitere mit 5

	Buchstaben
$\frac{1}{2} = \frac{5}{10}$	ELE-
$\frac{2}{3} = \frac{10}{15}$	GAN-
$\frac{3}{4} = \frac{15}{20}$	TESTE
$\frac{2}{5} = \frac{10}{25}$	ART

c) Erweitere mit 4

	Buchstaben
$\frac{1}{2} = \frac{4}{8}$	SEINEN
$\frac{2}{3} = \frac{8}{12}$	GEG-
$\frac{3}{4} = \frac{12}{16}$	NERN
$\frac{2}{5} = \frac{8}{20}$	DIE

d) Erweitere mit 8

	Buchstaben
$\frac{1}{2} = \frac{8}{16}$	ZÄH-
$\frac{2}{3} = \frac{16}{24}$	NE
$\frac{3}{4} = \frac{24}{32}$	ZU
$\frac{2}{5} = \frac{16}{40}$	ZEIGEN

Lösungsspruch:

L Ä C H E L N I S T D I E E L E G A N T E S T E
A R T, S E I N E N G E G N E R N D I E
Z Ä H N E Z U Z E I G E N.

Erweitern

$\frac{1}{4} = \frac{\boxed{3}}{12}$	$\frac{5}{6} = \frac{\boxed{10}}{12}$	$\frac{1}{3} = \frac{\boxed{4}}{12}$	$\frac{2}{3} = \frac{\boxed{8}}{12}$
$\frac{1}{3} = \frac{\square}{12}$	$\frac{1}{4} = \frac{\square}{12}$	$\frac{1}{4} = \frac{\square}{12}$	$\frac{1}{4} = \frac{\square}{12}$
$\frac{2}{3} = \frac{\square}{12}$	$\frac{1}{3} = \frac{\square}{12}$	$\frac{2}{3} = \frac{\square}{12}$	$\frac{1}{3} = \frac{\square}{12}$
$\frac{5}{6} = \frac{\square}{12}$	$\frac{2}{3} = \frac{\square}{12}$	$\frac{5}{6} = \frac{\square}{12}$	$\frac{5}{6} = \frac{\square}{12}$
$\frac{1}{3} = \frac{\boxed{6}}{18}$	$\frac{1}{2} = \frac{\boxed{9}}{18}$	$\frac{1}{9} = \frac{\boxed{2}}{18}$	$\frac{5}{6} = \frac{\boxed{15}}{18}$
$\frac{1}{2} = \frac{\square}{18}$	$\frac{1}{9} = \frac{\square}{18}$	$\frac{1}{3} = \frac{\square}{18}$	$\frac{1}{9} = \frac{\square}{18}$
$\frac{5}{6} = \frac{\square}{18}$	$\frac{1}{3} = \frac{\square}{18}$	$\frac{1}{2} = \frac{\square}{18}$	$\frac{1}{3} = \frac{\square}{18}$
$\frac{1}{9} = \frac{\square}{18}$	$\frac{5}{6} = \frac{\square}{18}$	$\frac{5}{6} = \frac{\square}{18}$	$\frac{1}{2} = \frac{\square}{18}$

Spielregel:
- Schneidet die Spielkarten aus.
- Verteilt die Spielkarten gleichmäßig an alle Mitspieler.
- Fragt euch abwechselnd nach fehlenden Quartettkarten, indem ihr den erweiterten Bruch nennt.
- Wenn eine Karte nicht vorhanden ist, geht das Fragerecht an den nächsten Mitspieler.
- Vollständige Quartette ablegen (immer 4 Karten).
- Gewonnen hat, wer die meisten Quartette abgelegt hat.
- Kontrolle: durch Mitspieler.
- Tipp: Klebt die Spielkarten auf Karton als wieder verwendbares Spiel; eventuell anmalen und mit Folie umkleben.

Hinweis: Diese Seite gehört mit der folgenden Seite zu einem Spiel!

Erweitern

$\frac{1}{5} = \frac{\boxed{2}}{10}$

$\frac{1}{2} = \frac{\square}{10}$

$\frac{3}{5} = \frac{\square}{10}$

$\frac{4}{5} = \frac{\square}{10}$

$\frac{1}{2} = \frac{\boxed{5}}{10}$

$\frac{1}{5} = \frac{\square}{10}$

$\frac{3}{5} = \frac{\square}{10}$

$\frac{4}{5} = \frac{\square}{10}$

$\frac{3}{5} = \frac{\boxed{6}}{10}$

$\frac{1}{5} = \frac{\square}{10}$

$\frac{1}{2} = \frac{\square}{10}$

$\frac{4}{5} = \frac{\square}{10}$

$\frac{4}{5} = \frac{\boxed{8}}{10}$

$\frac{1}{5} = \frac{\square}{10}$

$\frac{1}{2} = \frac{\square}{10}$

$\frac{3}{5} = \frac{\square}{10}$

$\frac{1}{2} = \frac{\boxed{50}}{100}$

$\frac{1}{10} = \frac{\square}{100}$

$\frac{1}{5} = \frac{\square}{100}$

$\frac{1}{4} = \frac{\square}{100}$

$\frac{1}{5} = \frac{\boxed{20}}{100}$

$\frac{1}{10} = \frac{\square}{100}$

$\frac{1}{4} = \frac{\square}{100}$

$\frac{1}{2} = \frac{\square}{100}$

$\frac{1}{10} = \frac{\boxed{10}}{100}$

$\frac{1}{5} = \frac{\square}{100}$

$\frac{1}{4} = \frac{\square}{100}$

$\frac{1}{2} = \frac{\square}{100}$

$\frac{1}{4} = \frac{\boxed{25}}{100}$

$\frac{1}{10} = \frac{\square}{100}$

$\frac{1}{5} = \frac{\square}{100}$

$\frac{1}{2} = \frac{\square}{100}$

Hinweis: Diese Seite gehört mit der folgenden Seite zu einem Spiel!

Kürzen (so weit wie möglich) oder Erweitern

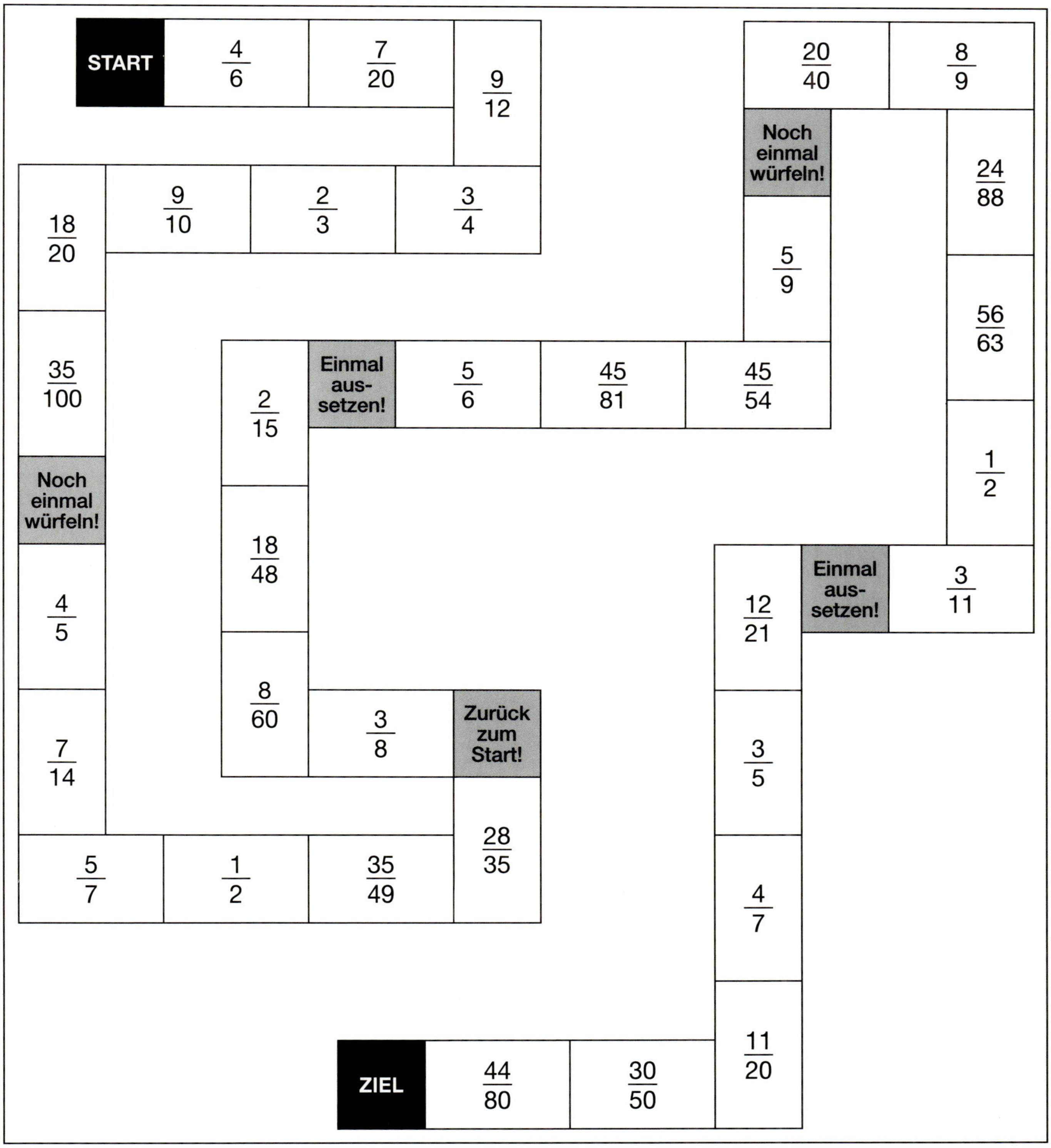

Spielregel:

- Jeder Spieler setzt eine Spielfigur auf „Start“.
- Reihum wird mit einem Würfel gewürfelt.
- Setze deine Spielfigur entsprechend der Augenzahl vorwärts.
- Suche zu dem Bruch im erreichten Feld den wertgleichen 2. Bruch (bis zum nächsten grauen Feld) und rücke dann auf dieses Feld vor oder zurück.
- Wenn du auf ein graues Feld kommst, musst du einen besonderen Auftrag ausführen.
- Gewonnen hat, wer als erster das Ziel erreicht oder überschreitet.
- Kontrolle: durch Mitspieler; eventuell mit Lösungsblatt.
- Tipp: Vereinbart, ob Rauswerfen erlaubt sein soll.

Kürzen (so weit wie möglich) oder Erweitern

$\frac{4}{6} = \frac{2}{3}$

$\frac{7}{20} = \frac{35}{100}$

$\frac{9}{12} = \frac{3}{4}$

$\frac{9}{10} = \frac{18}{20}$

$\frac{4}{5} = \frac{28}{35}$

$\frac{7}{14} = \frac{1}{2}$

$\frac{5}{7} = \frac{35}{49}$

$\frac{3}{8} = \frac{18}{48}$

$\frac{8}{60} = \frac{2}{15}$

$\frac{5}{6} = \frac{45}{54}$

$\frac{45}{81} = \frac{5}{9}$

$\frac{20}{40} = \frac{1}{2}$

$\frac{8}{9} = \frac{56}{63}$

$\frac{24}{88} = \frac{3}{11}$

$\frac{12}{21} = \frac{4}{7}$

$\frac{3}{5} = \frac{30}{50}$

$\frac{11}{20} = \frac{44}{80}$

Kürzen (so weit wie möglich)

Spielregel:

- Löse alle Aufgaben und notiere die gekürzten Ergebnisse.
- Verbinde im Bildteil die Punkte bei den Ergebniszahlen in der Reihenfolge der Aufgaben.
- Bei richtiger Lösung entsteht eine Bildfigur.

① $\frac{25}{75} = \frac{25:25}{75:25} = \frac{1}{3}$

② $\frac{50}{200} = \frac{50:50}{200:50} = \frac{1}{4}$

③ $\frac{20}{100} = \underline{\qquad\qquad} = \underline{\quad}$

④ $\frac{15}{35} = \underline{\qquad\qquad} = \underline{\quad}$

⑤ $\frac{44}{60} = \underline{\qquad\qquad} = \underline{\quad}$

⑥ $\frac{11}{66} = \underline{\qquad\qquad} = \underline{\quad}$

⑦ $\frac{40}{50} = \underline{\qquad\qquad} = \underline{\quad}$

⑧ $\frac{75}{90} = \underline{\qquad\qquad} = \underline{\quad}$

⑨ $\frac{6}{28} = \underline{\qquad\qquad} = \underline{\quad}$

⑩ $\frac{15}{24} = \underline{\qquad\qquad} = \underline{\quad}$

⑪ $\frac{25}{60} = \underline{\qquad\qquad} = \underline{\quad}$

⑫ $\frac{15}{45} = \underline{\qquad\qquad} = \underline{\quad}$

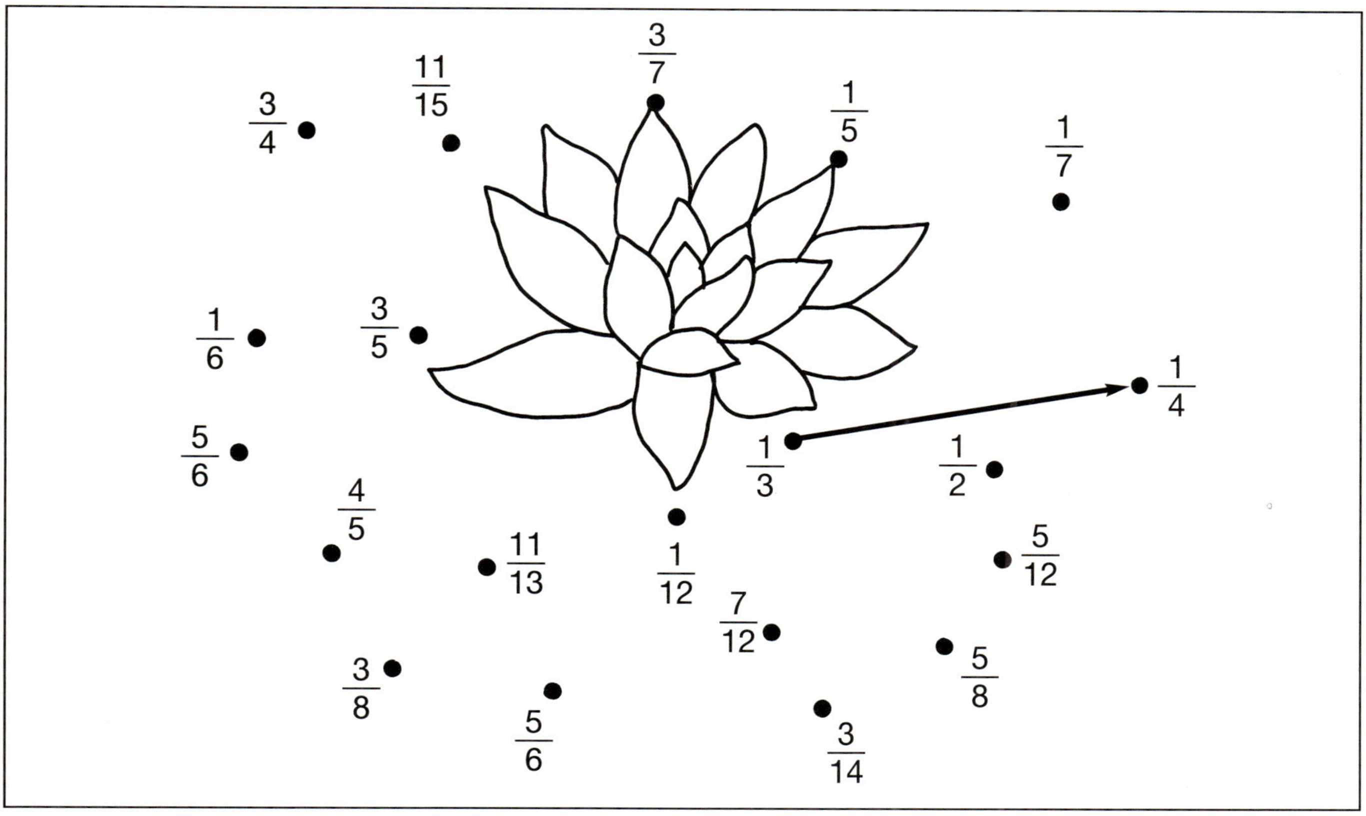

Kürzen (so weit wie möglich)

① $\frac{25}{75} = \frac{25 : 25}{75 : 25} = \frac{1}{3}$

② $\frac{50}{200} = \frac{50 : 50}{200 : 50} = \frac{1}{4}$

③ $\frac{20}{100} = \frac{20 : 20}{100 : 20} = \frac{1}{5}$

④ $\frac{15}{35} = \frac{15 : 5}{35 : 5} = \frac{3}{7}$

⑤ $\frac{44}{60} = \frac{44 : 4}{60 : 4} = \frac{11}{15}$

⑥ $\frac{11}{66} = \frac{11 : 11}{66 : 11} = \frac{1}{6}$

⑦ $\frac{40}{50} = \frac{40 : 10}{50 : 10} = \frac{4}{5}$

⑧ $\frac{75}{90} = \frac{75 : 15}{90 : 15} = \frac{5}{6}$

⑨ $\frac{6}{28} = \frac{6 : 2}{28 : 2} = \frac{3}{14}$

⑩ $\frac{15}{24} = \frac{15 : 3}{24 : 3} = \frac{5}{8}$

⑪ $\frac{25}{60} = \frac{25 : 5}{60 : 5} = \frac{5}{12}$

⑫ $\frac{15}{45} = \frac{15 : 15}{45 : 15} = \frac{1}{3}$

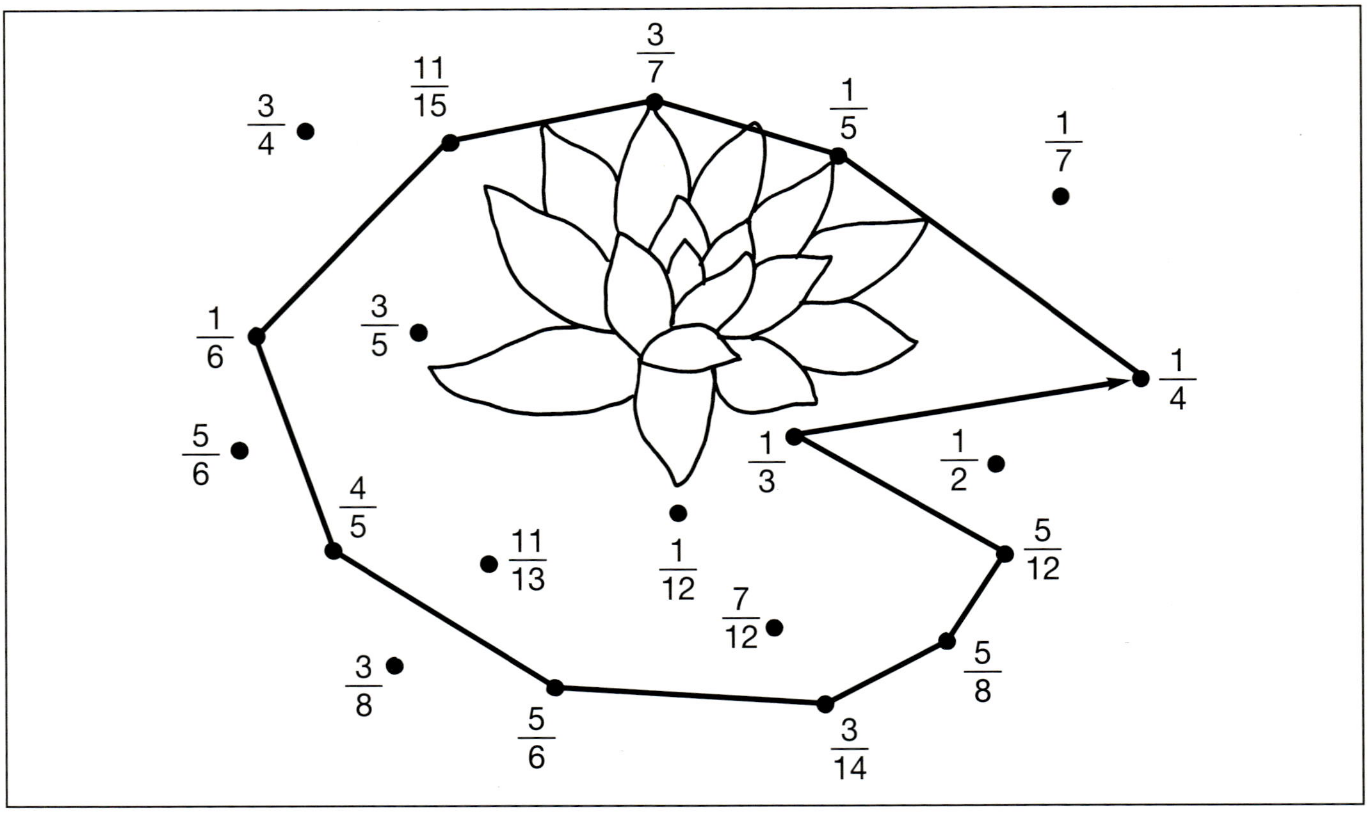

Umwandeln von Brüchen in Dezimalbrüche

Spielregel:

- Schneide die Dominoteile („Tortenstücke“) entlang der durchgezogenen Linien aus.
- Wandle den Bruch auf einem beliebigen Dominoteil in einen Dezimalbruch um, suche das Dominoteil mit der richtigen Lösung, lege es rechts daneben und wandle den neuen Bruch um usw.
- Wenn du alle Aufgaben richtig gelöst hast, entsteht in der Mitte ein Lösungsbild.

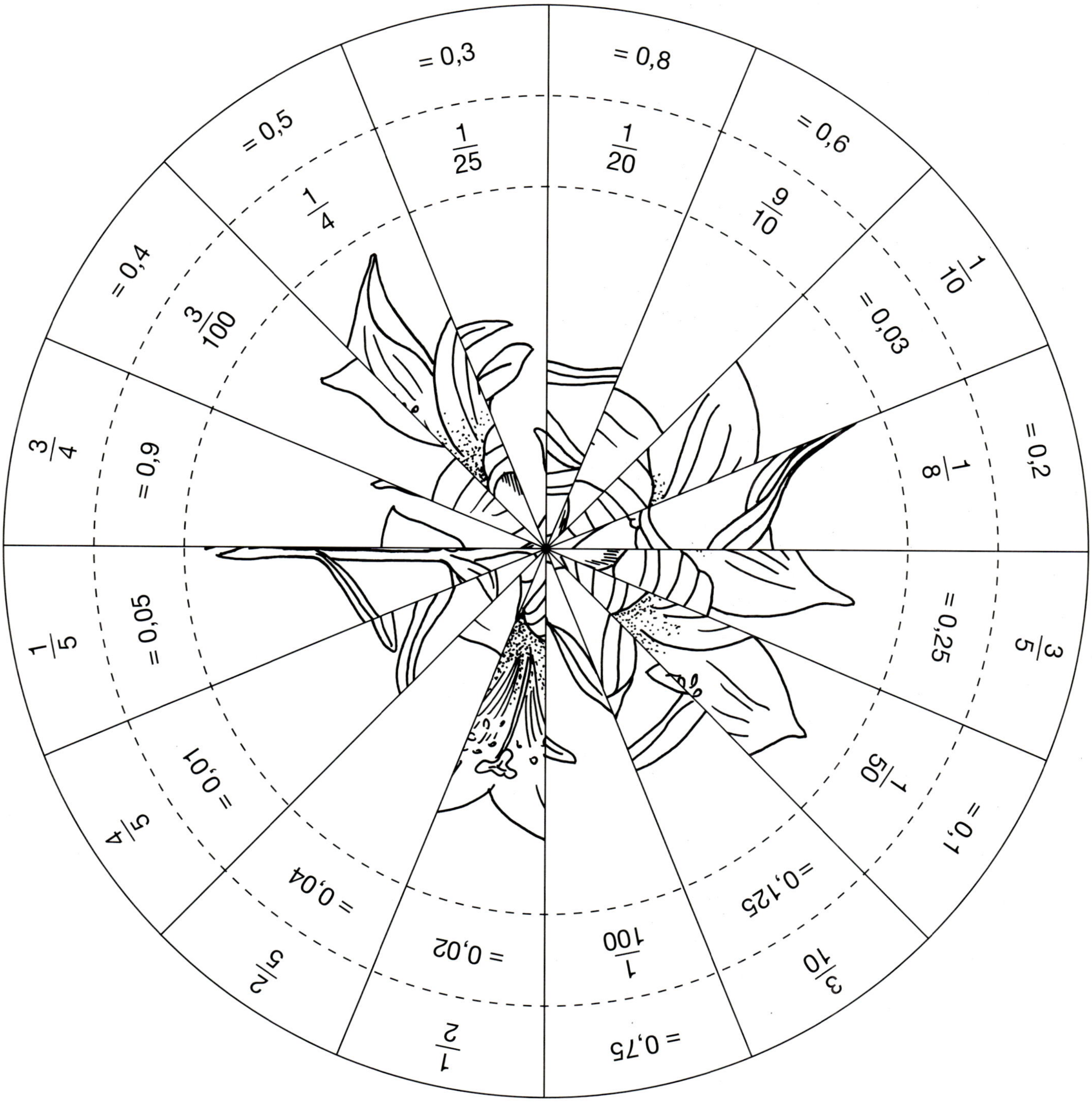

Umwandeln von Brüchen in Dezimalbrüche

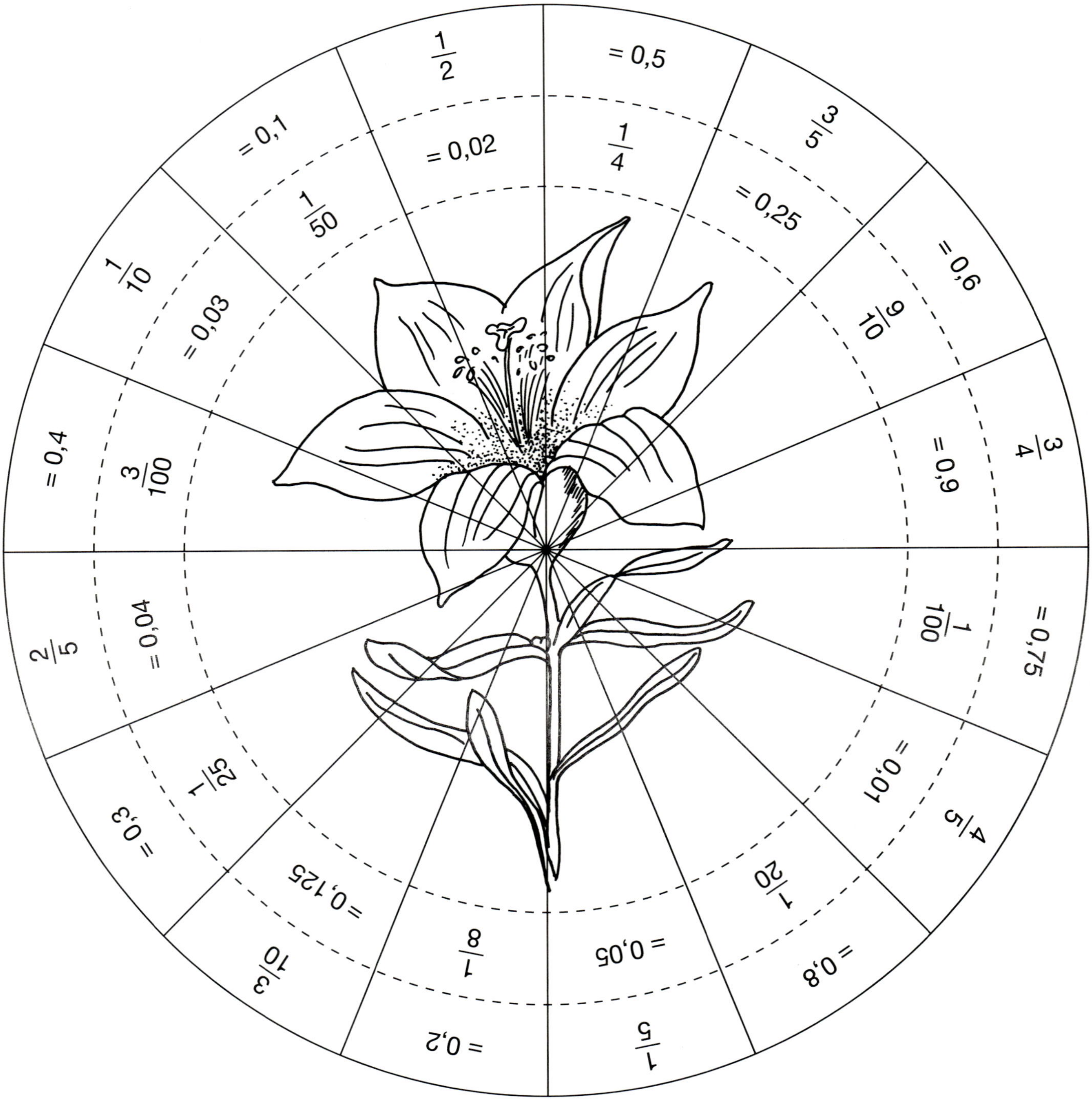

Umwandeln von Brüchen in (periodische) Dezimalbrüche

Spielregel:
- Wandle die Brüche in Dezimalbrüche um und notiere die Ergebnisse.
- Verbinde im Bildteil die Punkte bei den Ergebniszahlen in der Reihenfolge der Aufgaben.
- Bei richtiger Lösung entsteht eine Bildfigur.

① $\frac{8}{9}$ → $8 : 9 = 0,\overline{8}$

② $\frac{5}{6}$ → $5 : 6 = 0,8\overline{3}$

③ $\frac{5}{9}$ →

④ $\frac{1}{3}$ →

⑤ $\frac{2}{11}$ →

⑥ $\frac{1}{6}$ →

⑦ $\frac{1}{9}$ →

⑧ $\frac{1}{11}$ →

⑨ $\frac{3}{11}$ →

⑩ $\frac{1}{12}$ →

⑪ $\frac{2}{9}$ →

⑫ $\frac{4}{9}$ →

⑬ $\frac{2}{3}$ →

⑭ $\frac{7}{9}$ →

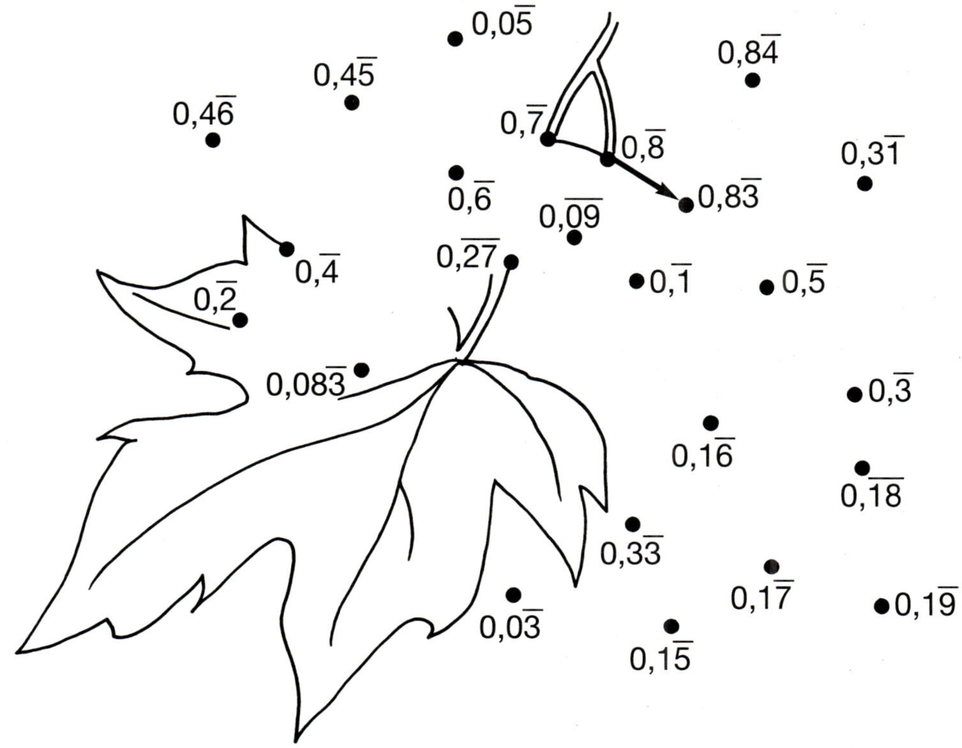

Umwandeln von Brüchen in (periodische) Dezimalbrüche

① $\frac{8}{9} \rightarrow 8 : 9 = 0,\overline{8}$

② $\frac{5}{6} \rightarrow 5 : 6 = 0,8\overline{3}$

③ $\frac{5}{9} \rightarrow 5 : 9 = 0,\overline{5}$

④ $\frac{1}{3} \rightarrow 1 : 3 = 0,\overline{3}$

⑤ $\frac{2}{11} \rightarrow 2 : 11 = 0,\overline{18}$

⑥ $\frac{1}{6} \rightarrow 1 : 6 = 0,1\overline{6}$

⑦ $\frac{1}{9} \rightarrow 1 : 9 = 0,\overline{1}$

⑧ $\frac{1}{11} \rightarrow 1 : 11 = 0,\overline{09}$

⑨ $\frac{3}{11} \rightarrow 3 : 11 = 0,\overline{27}$

⑩ $\frac{1}{12} \rightarrow 1 : 12 = 0,08\overline{3}$

⑪ $\frac{2}{9} \rightarrow 2 : 9 = 0,\overline{2}$

⑫ $\frac{4}{9} \rightarrow 4 : 9 = 0,\overline{4}$

⑬ $\frac{2}{3} \rightarrow 2 : 3 = 0,\overline{6}$

⑭ $\frac{7}{9} \rightarrow 7 : 9 = 0,\overline{7}$

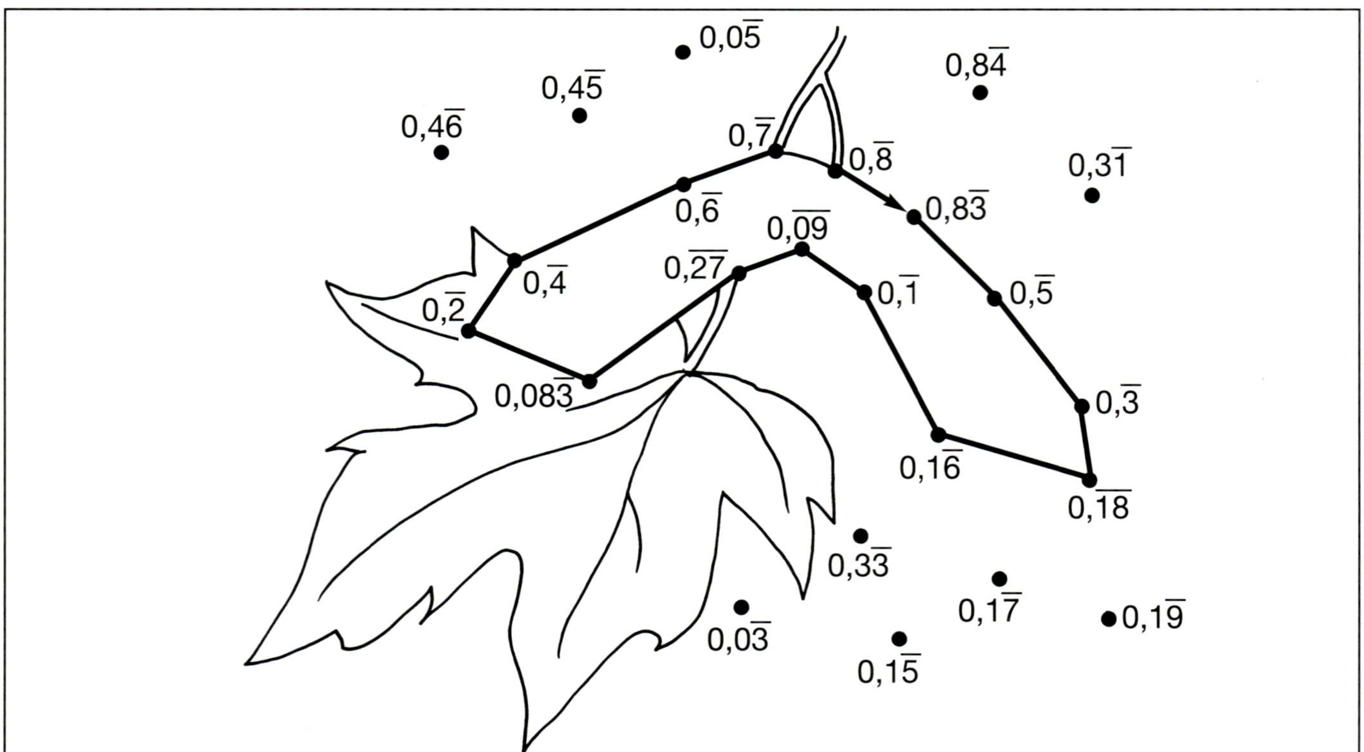

Umwandeln von Dezimalbrüchen in Brüche

Spielregel:
- Wandle die Dezimalbrüche in Brüche um und notiere die gekürzten Ergebnisse.
- Suche die Ergebniszahlen im Bildteil und male die zugehörigen Felder mit einer beliebigen Farbe aus.
- Zu jedem Ergebnis gehört genau ein Ausmalfeld.
- Bei richtiger Lösung entsteht ein Bild.

① $0{,}75 = \frac{75}{100} = \frac{75 : 25}{100 : 25} = \frac{3}{4}$

② $0{,}20 = \_\_\_ = \_\_\_ = \_\_\_$

③ $0{,}90 = \_\_\_ = \_\_\_ = \_\_\_$

④ $0{,}60 = \_\_\_ = \_\_\_ = \_\_\_$

⑤ $0{,}25 = \_\_\_ = \_\_\_ = \_\_\_$

⑥ $0{,}45 = \_\_\_ = \_\_\_ = \_\_\_$

⑦ $0{,}125 = \_\_\_ = \_\_\_ = \_\_\_$

⑧ $0{,}44 = \_\_\_ = \_\_\_ = \_\_\_$

⑨ $0{,}85 = \_\_\_ = \_\_\_ = \_\_\_$

⑩ $0{,}15 = \_\_\_ = \_\_\_ = \_\_\_$

⑪ $0{,}35 = \_\_\_ = \_\_\_ = \_\_\_$

⑫ $0{,}30 = \_\_\_ = \_\_\_ = \_\_\_$

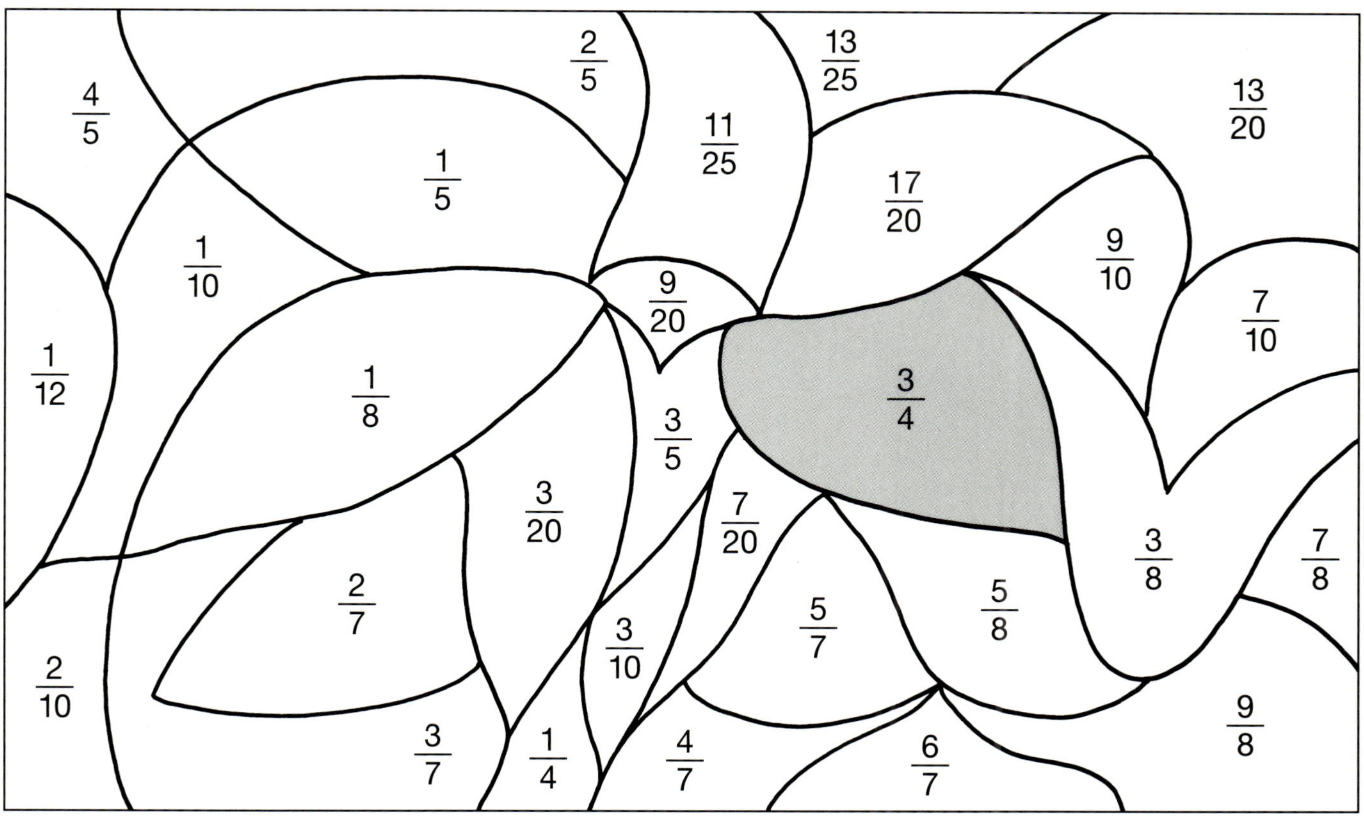

Umwandeln von Dezimalbrüchen in Brüche

① $0{,}75 = \frac{75}{100} = \frac{75 : 25}{100 : 25} = \underline{\underline{\frac{3}{4}}}$

② $0{,}20 = \frac{20}{100} = \frac{20 : 20}{100 : 20} = \underline{\underline{\frac{1}{5}}}$

③ $0{,}90 = \frac{90}{100} = \frac{90 : 10}{100 : 10} = \underline{\underline{\frac{9}{10}}}$

④ $0{,}60 = \frac{60}{100} = \frac{60 : 20}{100 : 20} = \underline{\underline{\frac{3}{5}}}$

⑤ $0{,}25 = \frac{25}{100} = \frac{25 : 25}{100 : 25} = \underline{\underline{\frac{1}{4}}}$

⑥ $0{,}45 = \frac{45}{100} = \frac{45 : 5}{100 : 5} = \underline{\underline{\frac{9}{20}}}$

⑦ $0{,}125 = \frac{125}{1000} = \frac{125 : 125}{1000 : 125} = \underline{\underline{\frac{1}{8}}}$

⑧ $0{,}44 = \frac{44}{100} = \frac{44 : 4}{100 : 4} = \underline{\underline{\frac{11}{25}}}$

⑨ $0{,}85 = \frac{85}{100} = \frac{85 : 5}{100 : 5} = \underline{\underline{\frac{17}{20}}}$

⑩ $0{,}15 = \frac{15}{100} = \frac{15 : 5}{100 : 5} = \underline{\underline{\frac{3}{20}}}$

⑪ $0{,}35 = \frac{35}{100} = \frac{35 : 5}{100 : 5} = \underline{\underline{\frac{7}{20}}}$

⑫ $0{,}30 = \frac{30}{100} = \frac{30 : 10}{100 : 10} = \underline{\underline{\frac{3}{10}}}$

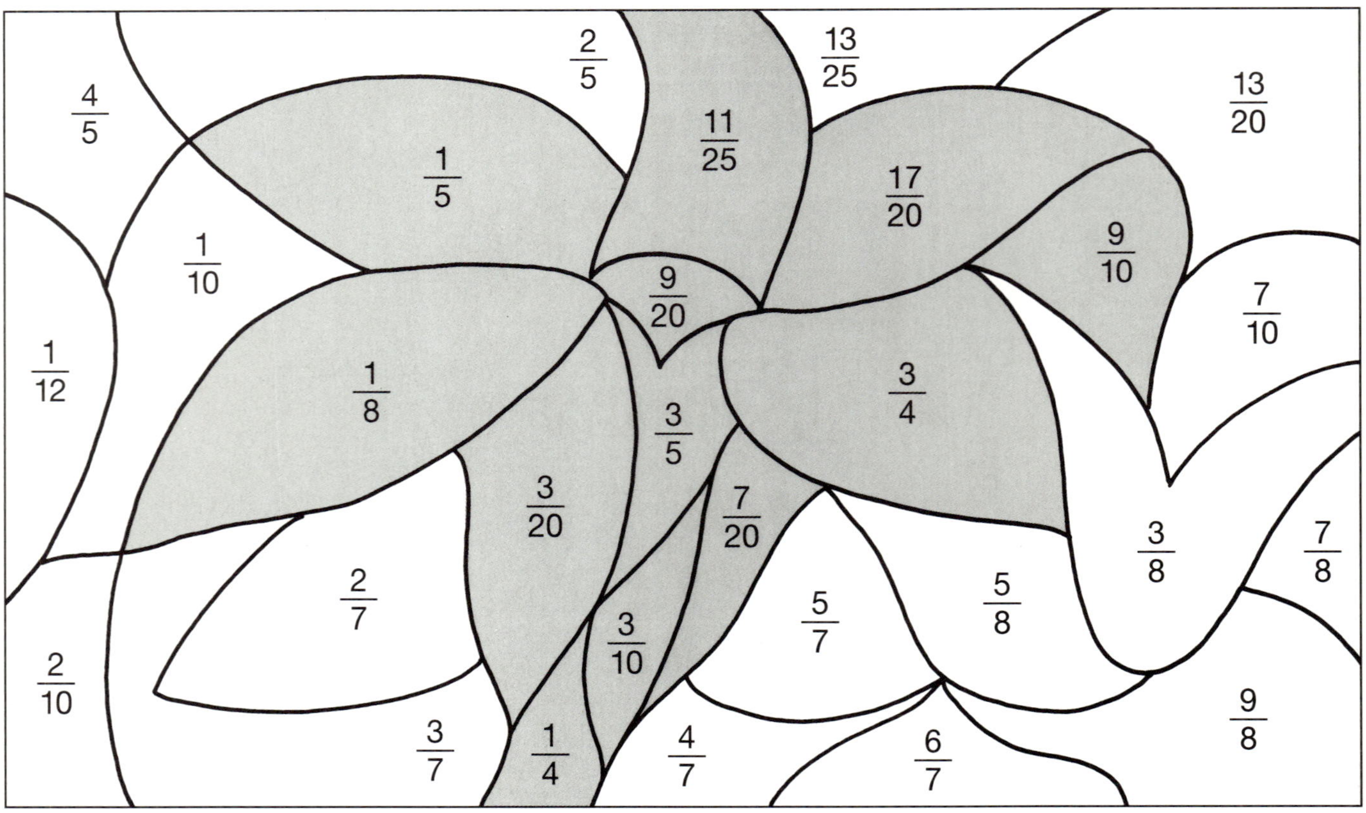

Umwandeln von Dezimalbrüchen in gemischte Zahlen

Spielregel:

- Löse alle Aufgaben im Spielplan und notiere unter den Aufgaben die Ergebnisse als gemischte Zahlen.
- Schneide alle Puzzleteile aus und lege sie im Spielplan auf die Felder mit den errechneten Ergebnissen.
- Bei richtiger Lösung entsteht ein Bild.
- Tipp: Klebe die Puzzleteile auf und male das Bild aus.

Spielplan:

$4{,}50 = \frac{450}{100}$ $= 4\frac{1}{2}$	3,66 = ____ = ____	2,40 = ____ = ____	1,80 = ____ = ____	3,98 = ____ = ____
5,05 = ____ = ____	2,08 = ____ = ____	3,02 = ____ = ____	4,12 = ____ = ____	1,55 = ____ = ____
4,09 = ____ = ____	5,18 = ____ = ____	3,35 = ____ = ____	4,22 = ____ = ____	2,16 = ____ = ____

Puzzleteile:

Umwandeln von Dezimalbrüchen in gemischte Zahlen

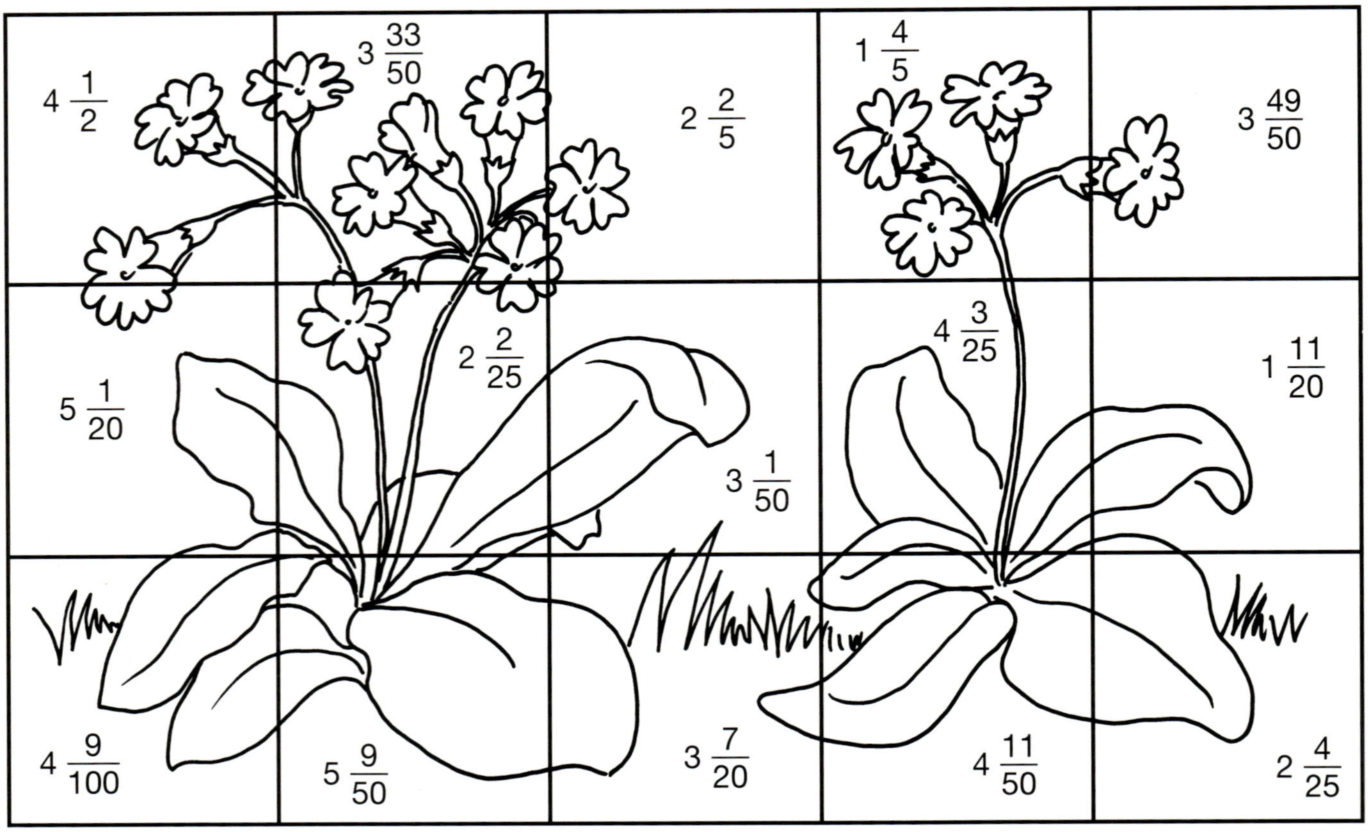

Vergleichen von Brüchen (größer/kleiner)

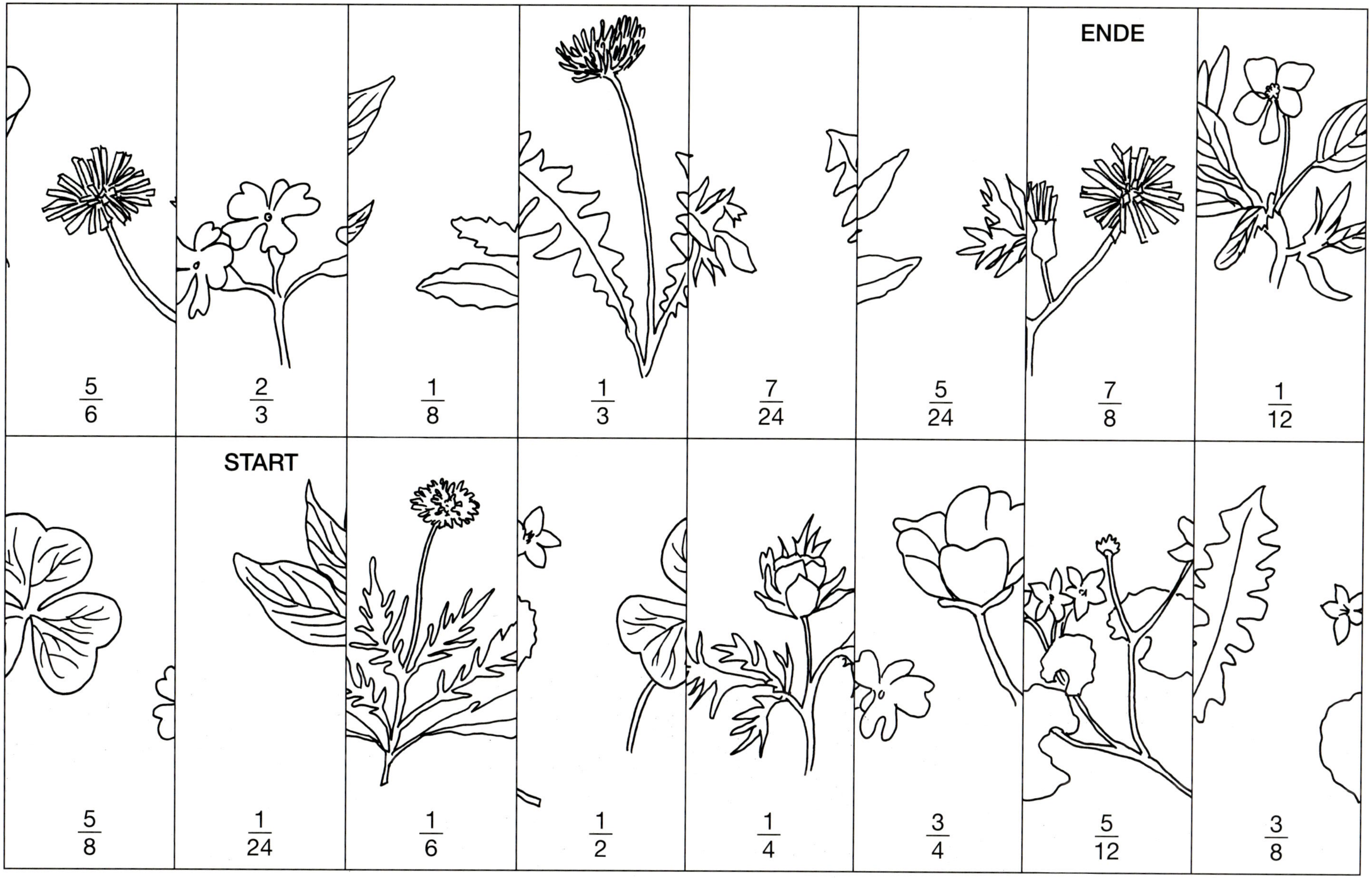

Spielregel:

- Schneide die Dominoteile entlang der durchgezogenen Linien aus.
- Lege die Dominoteile so nebeneinander, dass die Brüche vom geringsten zum höchsten Wert von links nach rechts geordnet sind. Beginne mit „Start“ und erweitere die Nenner auf 24.
- Wenn du alles richtig gelöst hast, entstehen in der Mitte Lösungsbilder.
- Tipp: Klebe die Dominoteile auf und male sie aus.

Vergleichen von Brüchen (größer/kleiner)

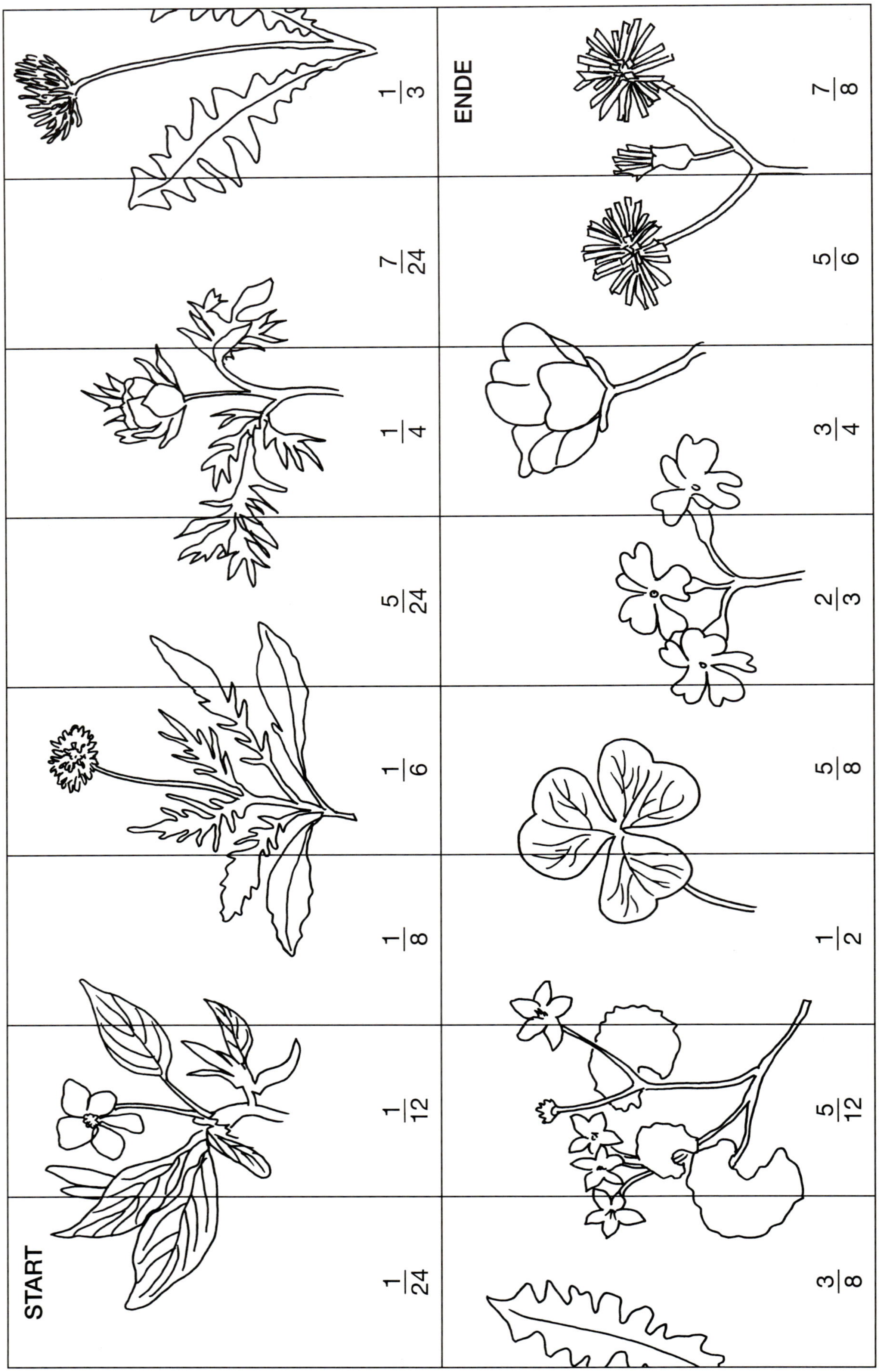

Addition und Subtraktion von Brüchen

Spielregel:

- Löse alle Aufgaben und notiere die Ergebnisse. (Evtl. kürzen oder in gemischte Zahlen umwandeln.)
- Suche die Ergebniszahlen im „Schlüssel" und notiere die zugehörigen Silben oder Wörter neben den Aufgaben.
- Bei richtiger Lösung erfährst du den Lösungsspruch.

Schlüssel:

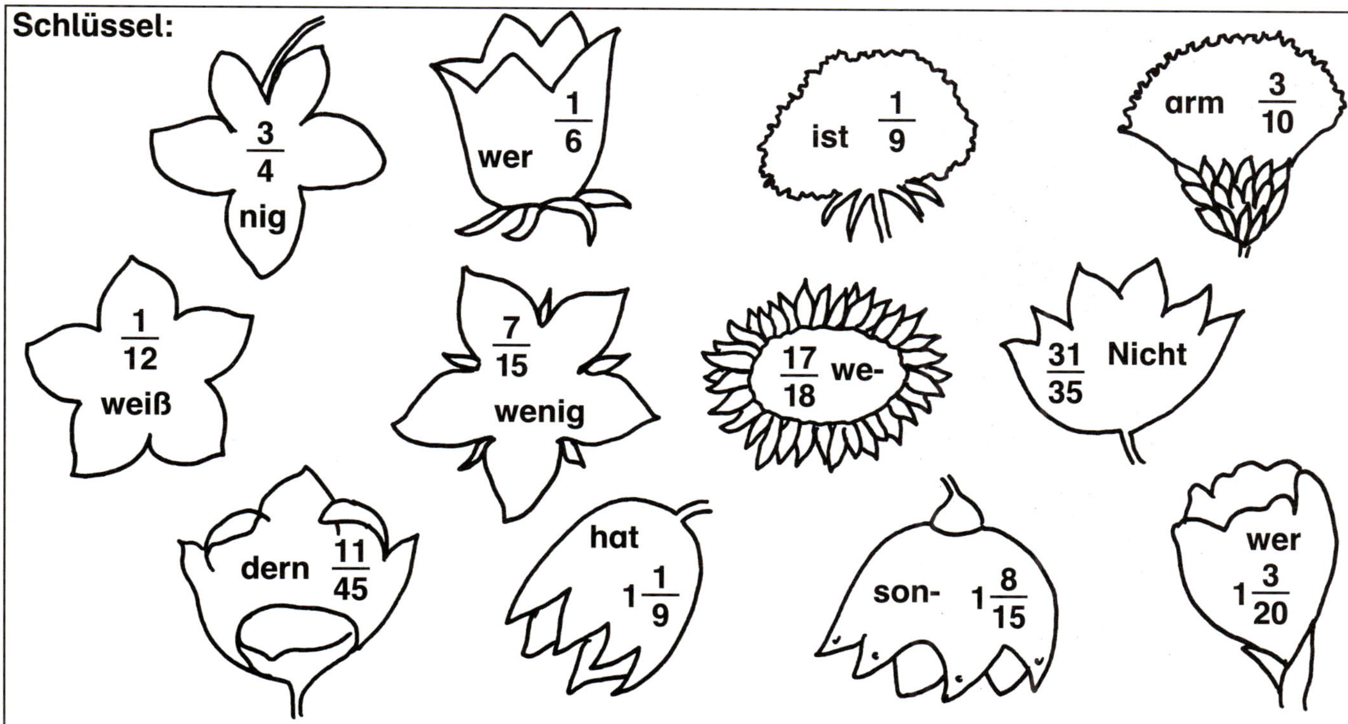

① $\frac{2}{7} + \frac{3}{5} = \frac{10 + 21}{35} = \frac{31}{35}$	Nicht	⑦ $\frac{4}{9} - \frac{1}{5} =$	
② $\frac{3}{4} + \frac{2}{5} =$		⑧ $\frac{5}{6} - \frac{2}{3} =$	
③ $\frac{1}{2} + \frac{4}{9} =$		⑨ $\frac{4}{5} - \frac{1}{3} =$	
④ $\frac{1}{4} + \frac{1}{2} =$		⑩ $\frac{1}{3} - \frac{1}{4} =$	
⑤ $\frac{2}{3} + \frac{4}{9} =$		⑪ $\frac{2}{3} - \frac{5}{9} =$	
⑥ $\frac{4}{5} + \frac{11}{15} =$		⑫ $\frac{9}{10} - \frac{3}{5} =$	

Lösungsspruch:

N i c h t ___ ___ ___, ___

___ ___ ___, ___ ___.

Addition und Subtraktion von Brüchen

①	$\frac{2}{7} + \frac{3}{5} = \frac{10+21}{35} = \frac{31}{35}$	Nicht	⑦	$\frac{4}{9} - \frac{1}{5} = \frac{20-9}{45} = \frac{11}{45}$	dern
②	$\frac{3}{4} + \frac{2}{5} = \frac{15+8}{20} = 1\frac{3}{20}$	wer	⑧	$\frac{5}{6} - \frac{2}{3} = \frac{5-4}{6} = \frac{1}{6}$	wer
③	$\frac{1}{2} + \frac{4}{9} = \frac{9+8}{18} = \frac{17}{18}$	we-	⑨	$\frac{4}{5} - \frac{1}{3} = \frac{12-5}{15} = \frac{7}{15}$	wenig
④	$\frac{1}{4} + \frac{1}{2} = \frac{1+2}{4} = \frac{3}{4}$	nig	⑩	$\frac{1}{3} - \frac{1}{4} = \frac{4-3}{12} = \frac{1}{12}$	weiß
⑤	$\frac{2}{3} + \frac{4}{9} = \frac{6+4}{9} = 1\frac{1}{9}$	hat	⑪	$\frac{2}{3} - \frac{5}{9} = \frac{6-5}{9} = \frac{1}{9}$	ist
⑥	$\frac{4}{5} + \frac{11}{15} = \frac{12+11}{15} = 1\frac{8}{15}$	son-	⑫	$\frac{9}{10} - \frac{3}{5} = \frac{9-6}{10} = \frac{3}{10}$	arm

Lösungsspruch:

Nicht wer wenig hat, sondern wer wenig weiß, ist arm.

Addition und Subtraktion von Brüchen

$\frac{1}{3} + \frac{1}{9} =$

$\frac{1}{2} + \frac{1}{6} =$

$\frac{3}{4}$

$\frac{2}{3}$

$\frac{7}{10}$

$\frac{9}{10}$

$\frac{4}{9}$

$\frac{1}{2}$

$\frac{8}{9}$

$\frac{3}{5} + \frac{1}{10} =$

$\frac{3}{5} + \frac{3}{10} =$

$\frac{2}{3} + \frac{2}{9} =$

$\frac{1}{3} + \frac{1}{6} =$

$\frac{1}{2} + \frac{1}{4} =$

Spielregel:

- Schneide die Memoryteile aus und mische sie.
- Lege die Teile verdeckt und nach Formen getrennt aus.
- Decke immer gleichzeitig 2 Teile auf, ein großes und ein kleines.
- Rechne die Aufgabe auf dem großen Teil im Kopf und kürze wenn möglich.
- Stimmt das Ergebnis mit der Zahl auf dem kleinen Teil überein?
- Wenn ja, hast du dieses Paar gewonnen.
- Wenn nein, lege beide Teile genau an ihre ursprünglichen Plätze zurück.
- Kontrolle: Die Bilder passen zusammen.
- Tipp: Klebe die Memoryteile auf Karton.

Hinweis: Das Spiel besteht aus 2 Seiten (MEMORY Teil 1 und MEMORY Teil 2)

$\frac{7}{10}$		$\frac{3}{5} + \frac{1}{10} =$
$\frac{9}{10}$	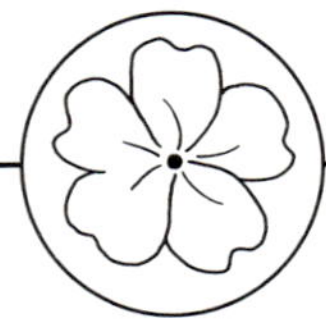	$\frac{3}{5} + \frac{3}{10} =$
$\frac{4}{9}$	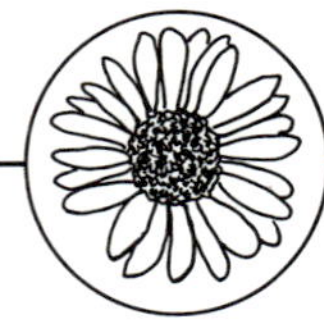	$\frac{1}{3} + \frac{1}{9} =$

$\frac{3}{4}$	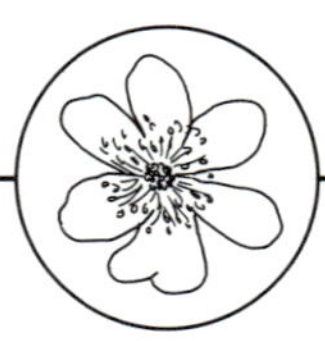	$\frac{1}{2} + \frac{1}{4} =$
$\frac{2}{3}$	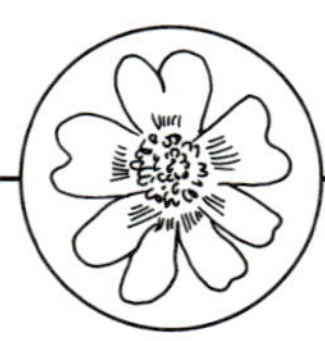	$\frac{1}{2} + \frac{1}{6} =$
$\frac{8}{9}$	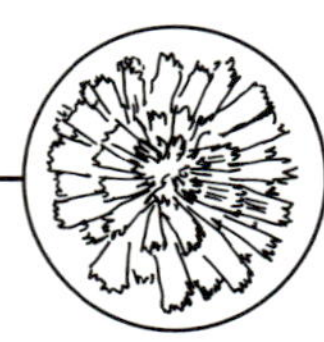	$\frac{2}{3} + \frac{2}{9} =$
$\frac{1}{2}$		$\frac{1}{3} + \frac{1}{6} =$

Addition und Subtraktion von Brüchen

$\frac{1}{2} - \frac{1}{6} =$

$\frac{2}{5} - \frac{3}{10} =$

$\frac{1}{3} - \frac{1}{6} =$

$\frac{2}{3} - \frac{2}{9} =$

$\frac{3}{5} - \frac{1}{10} =$

$\frac{1}{3} - \frac{1}{9} =$

$\frac{1}{2} - \frac{1}{4} =$

$\frac{1}{3}$

$\frac{1}{10}$

$\frac{1}{6}$

$\frac{4}{9}$

$\frac{2}{9}$

$\frac{1}{2}$

$\frac{1}{4}$

Hinweis: Das Spiel besteht aus 2 Seiten (MEMORY Teil 2 und MEMORY Teil 1)

$\frac{2}{3} - \frac{2}{9} =$

$\frac{4}{9}$

$\frac{3}{5} - \frac{1}{10} =$

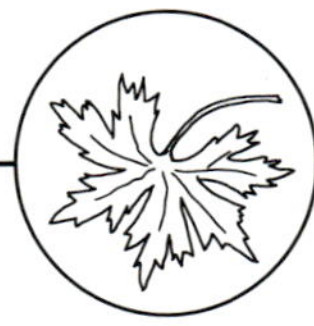

$\frac{1}{2}$

$\frac{1}{3} - \frac{1}{6} =$

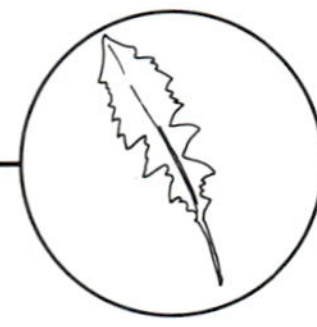

$\frac{1}{6}$

$\frac{1}{2} - \frac{1}{4} =$

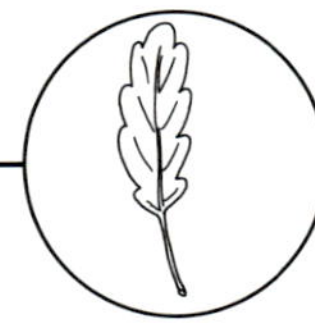

$\frac{1}{4}$

$\frac{2}{5} - \frac{3}{10} =$

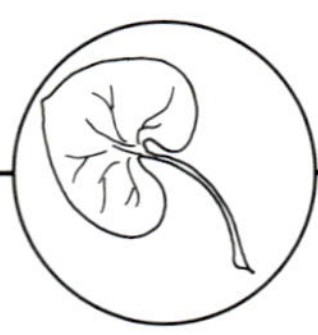

$\frac{1}{10}$

$\frac{1}{3} - \frac{1}{9} =$

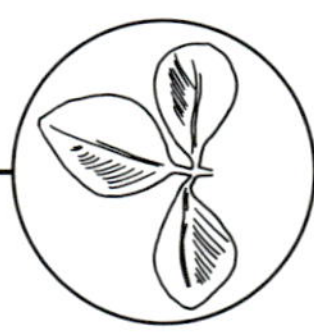

$\frac{2}{9}$

$\frac{1}{2} - \frac{1}{6} =$

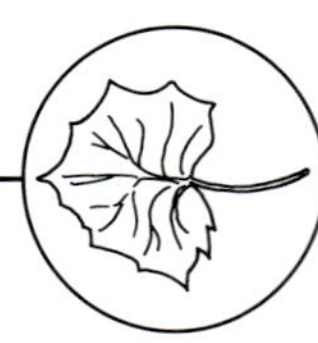

$\frac{1}{3}$

Addition und Subtraktion von Brüchen

Spielregel:

- Löse die Aufgaben und notiere die gekürzten Ergebnisse, evtl. als gemischte Zahl.
- Suche die Ergebniszahlen im Bildteil und male die zugehörigen Felder mit einer beliebigen Farbe aus.
- Zu jedem Ergebnis gehört genau ein Ausmalfeld.
- Bei richtiger Lösung entsteht ein Bild.

① $\frac{5}{6} + \frac{2}{5} = \frac{25 + 12}{30} = \frac{37}{30} = 1\frac{7}{30}$

② $\frac{4}{9} + \frac{3}{5} =$

③ $\frac{1}{2} + \frac{1}{3} =$

④ $\frac{4}{9} + \frac{2}{3} =$

⑤ $\frac{7}{8} + \frac{3}{4} =$

⑥ $\frac{9}{10} + \frac{3}{5} =$

⑦ $\frac{3}{4} - \frac{1}{3} =$

⑧ $\frac{9}{10} - \frac{3}{5} =$

⑨ $\frac{4}{7} - \frac{1}{2} =$

⑩ $\frac{5}{12} - \frac{3}{8} =$

⑪ $\frac{5}{8} - \frac{1}{4} =$

⑫ $\frac{2}{3} - \frac{2}{5} =$

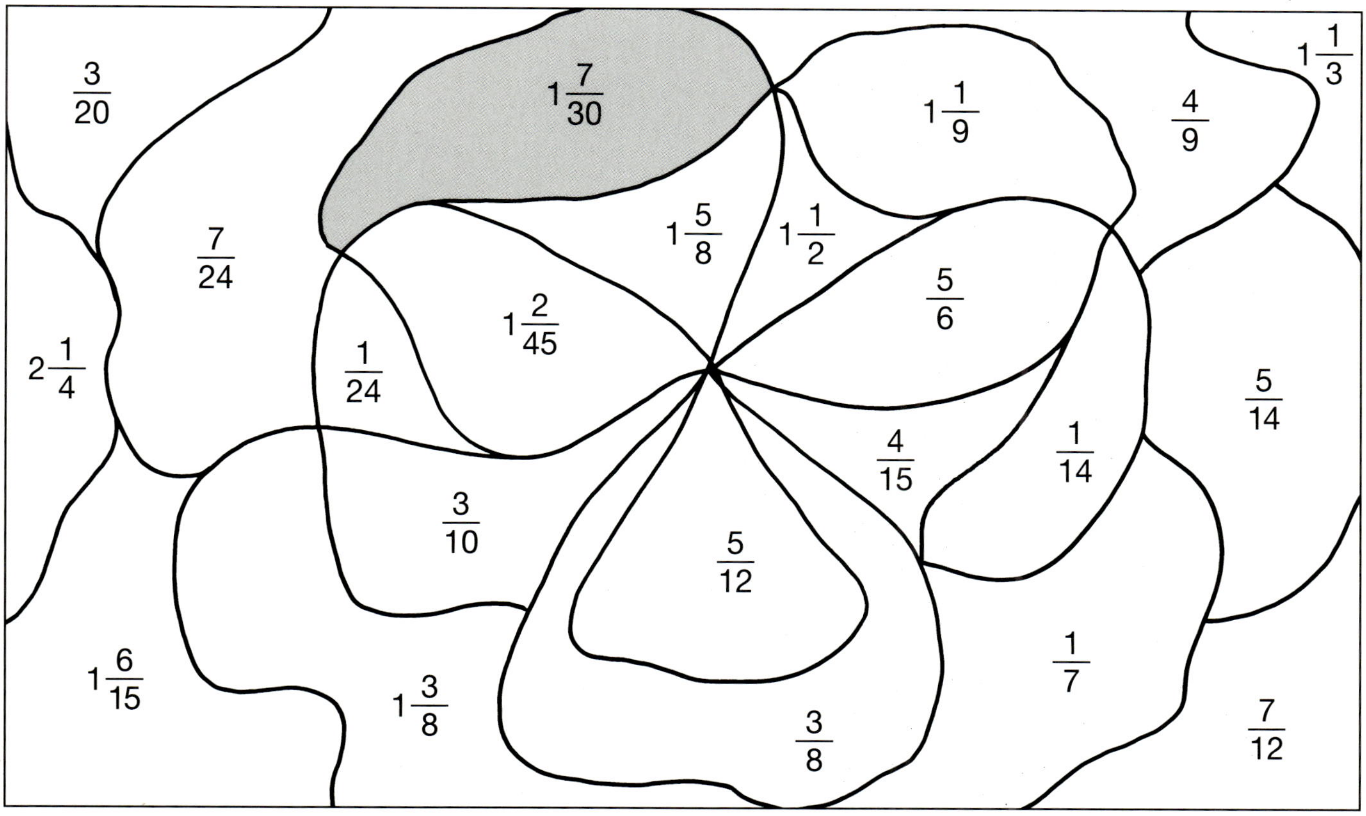

Addition und Subtraktion von Brüchen

① $\frac{5}{6} + \frac{2}{5} = \frac{25 + 12}{30} = \frac{37}{30} = 1\frac{7}{30}$

② $\frac{4}{9} + \frac{3}{5} = \frac{20 + 27}{45} = \frac{47}{45} = 1\frac{2}{45}$

③ $\frac{1}{2} + \frac{1}{3} = \frac{3 + 2}{6} = \frac{5}{6}$

④ $\frac{4}{9} + \frac{2}{3} = \frac{4 + 6}{9} = \frac{10}{9} = 1\frac{1}{9}$

⑤ $\frac{7}{8} + \frac{3}{4} = \frac{7 + 6}{8} = \frac{13}{8} = 1\frac{5}{8}$

⑥ $\frac{9}{10} + \frac{3}{5} = \frac{9 + 6}{10} = \frac{15}{10} = 1\frac{1}{2}$

⑦ $\frac{3}{4} - \frac{1}{3} = \frac{9 - 4}{12} = \frac{5}{12}$

⑧ $\frac{9}{10} - \frac{3}{5} = \frac{9 - 6}{10} = \frac{3}{10}$

⑨ $\frac{4}{7} - \frac{1}{2} = \frac{8 - 7}{14} = \frac{1}{14}$

⑩ $\frac{5}{12} - \frac{3}{8} = \frac{10 - 9}{24} = \frac{1}{24}$

⑪ $\frac{5}{8} - \frac{1}{4} = \frac{5 - 2}{8} = \frac{3}{8}$

⑫ $\frac{2}{3} - \frac{2}{5} = \frac{10 - 6}{15} = \frac{4}{15}$

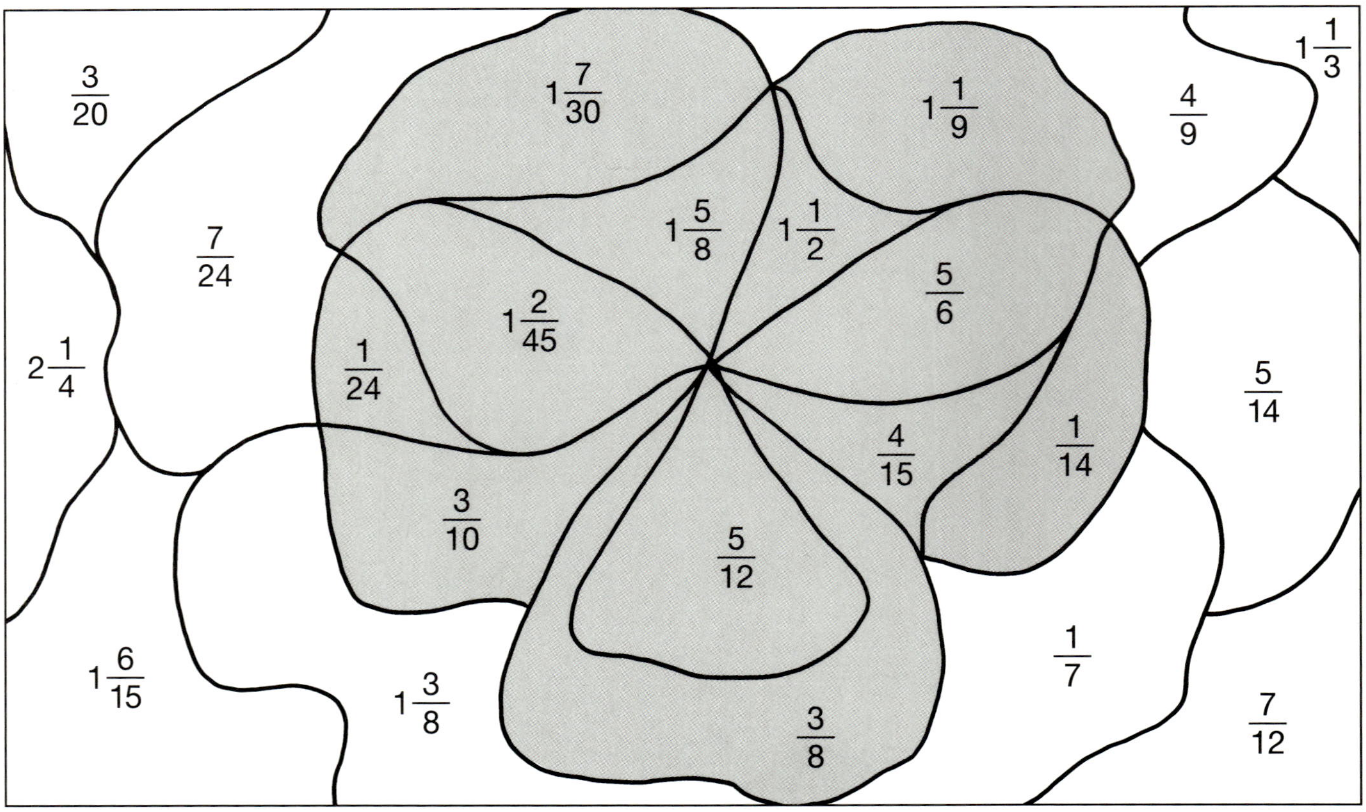

Addition und Subtraktion gemischter Zahlen

Spielregel:
- Löse alle Aufgaben und notiere die Ergebnisse als gemischte Zahl. (Rechne wie im Beispiel.)
- Verbinde im Bildteil die Punkte bei den Ergebnisszahlen in der Reihenfolge der Aufgaben.
- Bei richtiger Lösung entsteht eine Bildfigur.

① $3\frac{5}{12} + 1\frac{5}{6} =$

$3\frac{5}{12} + 1\frac{10}{12} = 4\frac{15}{12} = 5\frac{1}{4}$

② $2\frac{3}{4} + 2\frac{5}{6} =$

$2\frac{9}{12} + 2\frac{10}{12} = 4\frac{19}{12} = 5\frac{7}{12}$

③ $2\frac{8}{9} + 2\frac{2}{3} =$

$= \quad =$

④ $2\frac{3}{10} + 2\frac{1}{2} =$

$= \quad =$

⑤ $2\frac{2}{3} + 1\frac{4}{5} =$

$= \quad =$

⑥ $1\frac{1}{2} + 3\frac{2}{3} =$

$= \quad =$

⑦ $4\frac{4}{5} - 2\frac{1}{2} =$

$=$

⑧ $5\frac{7}{10} - 2\frac{2}{5} =$

$=$

⑨ $3\frac{1}{3} - 1\frac{1}{4} =$

$=$

⑩ $6\frac{3}{8} - 2\frac{1}{4} =$

$=$

⑪ $5\frac{3}{5} - 2\frac{1}{2} =$

$=$

⑫ $8\frac{7}{12} - 3\frac{1}{3} =$

$= \quad =$

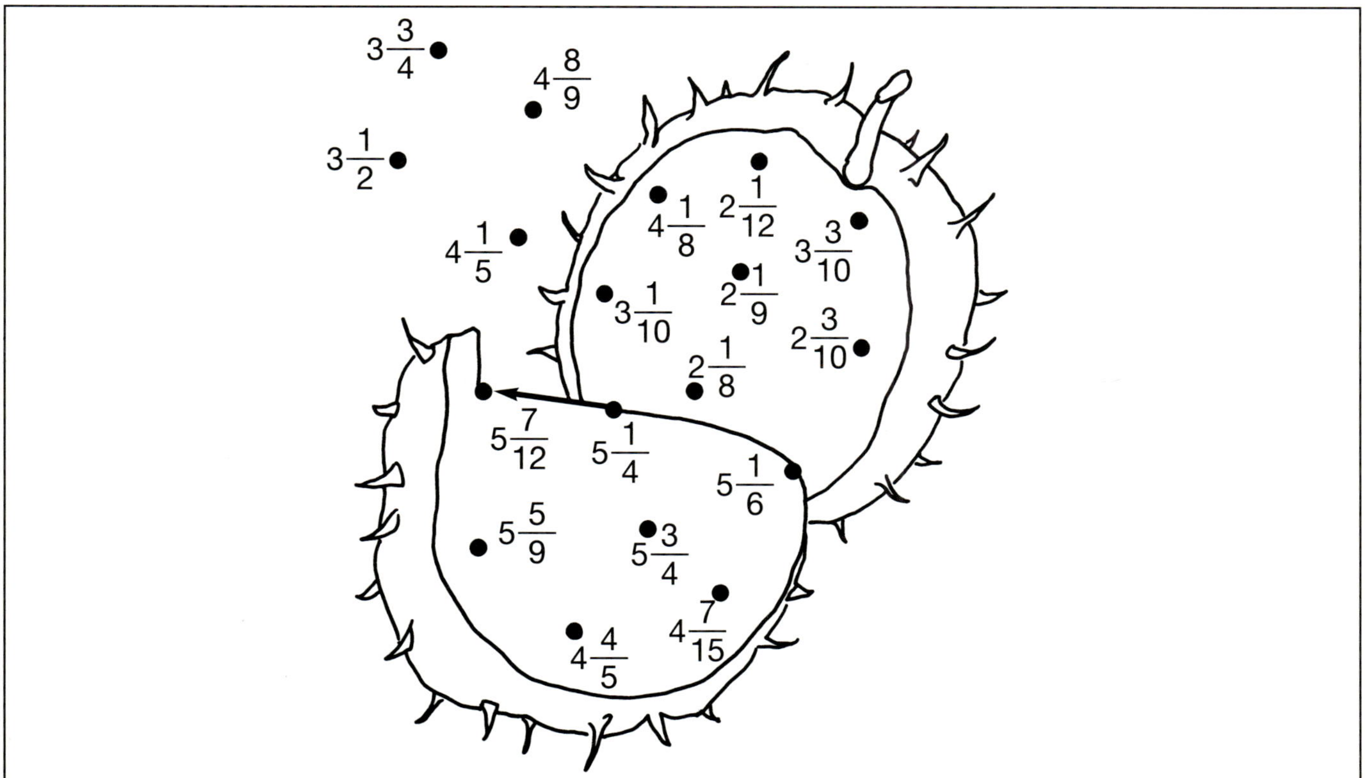

Addition und Subtraktion gemischter Zahlen

① $3\frac{5}{12} + 1\frac{5}{6} =$

$3\frac{5}{12} + 1\frac{10}{12} = 4\frac{15}{12} = \underline{\underline{5\frac{1}{4}}}$

② $2\frac{3}{4} + 2\frac{5}{6} =$

$2\frac{9}{12} + 2\frac{10}{12} = 4\frac{19}{12} = \underline{\underline{5\frac{7}{12}}}$

③ $2\frac{8}{9} + 2\frac{2}{3} =$

$2\frac{8}{9} + 2\frac{6}{9} = 4\frac{14}{9} = \underline{\underline{5\frac{5}{9}}}$

④ $2\frac{3}{10} + 2\frac{1}{2} =$

$2\frac{3}{10} + 2\frac{5}{10} = 4\frac{8}{10} = \underline{\underline{4\frac{4}{5}}}$

⑤ $2\frac{2}{3} + 1\frac{4}{5} =$

$2\frac{10}{15} + 1\frac{12}{15} = 3\frac{22}{15} = \underline{\underline{4\frac{7}{15}}}$

⑥ $1\frac{1}{2} + 3\frac{2}{3} =$

$1\frac{3}{6} + 3\frac{4}{6} = 4\frac{7}{6} = \underline{\underline{5\frac{1}{6}}}$

⑦ $4\frac{4}{5} - 2\frac{1}{2} =$

$4\frac{8}{10} - 2\frac{5}{10} = \underline{\underline{2\frac{3}{10}}}$

⑧ $5\frac{7}{10} - 2\frac{2}{5} =$

$5\frac{7}{10} - 2\frac{4}{10} = \underline{\underline{3\frac{3}{10}}}$

⑨ $3\frac{1}{3} - 1\frac{1}{4} =$

$3\frac{4}{12} - 1\frac{3}{12} = \underline{\underline{2\frac{1}{12}}}$

⑩ $6\frac{3}{8} - 2\frac{1}{4} =$

$6\frac{3}{8} - 2\frac{2}{8} = \underline{\underline{4\frac{1}{8}}}$

⑪ $5\frac{3}{5} - 2\frac{1}{2} =$

$5\frac{6}{10} - 2\frac{5}{10} = \underline{\underline{3\frac{1}{10}}}$

⑫ $8\frac{7}{12} - 3\frac{1}{3} =$

$8\frac{7}{12} - 3\frac{4}{12} = 5\frac{3}{12} = \underline{\underline{5\frac{1}{4}}}$

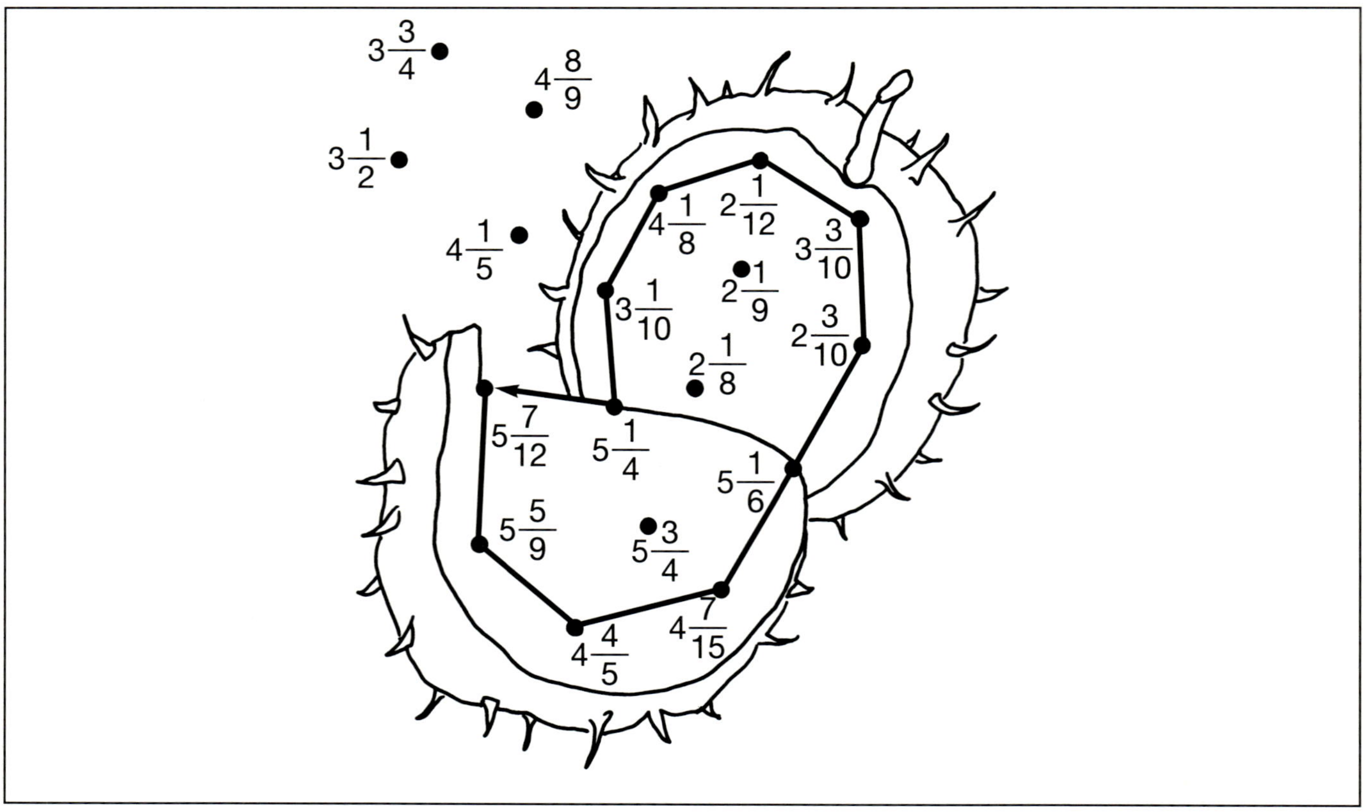

Multiplikation von Brüchen

Spielregel:

- Löse alle Aufgaben im Spielplan und notiere die Ergebnisse unter den Aufgaben.
- Schneide alle Puzzleteile aus und lege sie im Spielplan auf die Felder mit den errechneten Ergebnissen.
- Bei richtiger Lösung entsteht ein Bild.
- Tipp: Klebe die Puzzleteile auf und male das Bild aus.

Spielplan:

$\frac{1}{2} \cdot \frac{1}{2}$ = ____	$\frac{1}{2} \cdot \frac{3}{4}$ = ____	$\frac{1}{2} \cdot \frac{1}{3}$ = ____	$\frac{1}{2} \cdot \frac{1}{4}$ = ____	$\frac{1}{3} \cdot \frac{4}{5}$ = ____
$\frac{1}{3} \cdot \frac{1}{4}$ = ____	$\frac{1}{3} \cdot \frac{1}{5}$ = ____	$\frac{1}{3} \cdot \frac{2}{5}$ = ____	$\frac{2}{3} \cdot \frac{4}{5}$ = ____	$\frac{2}{3} \cdot \frac{2}{5}$ = ____
$\frac{2}{3} \cdot \frac{2}{3}$ = ____	$\frac{2}{3} \cdot \frac{1}{3}$ = ____	$\frac{3}{4} \cdot \frac{1}{4}$ = ____	$\frac{3}{4} \cdot \frac{3}{4}$ = ____	$\frac{3}{4} \cdot \frac{3}{5}$ = ____

Puzzleteile:

Multiplikation von Brüchen

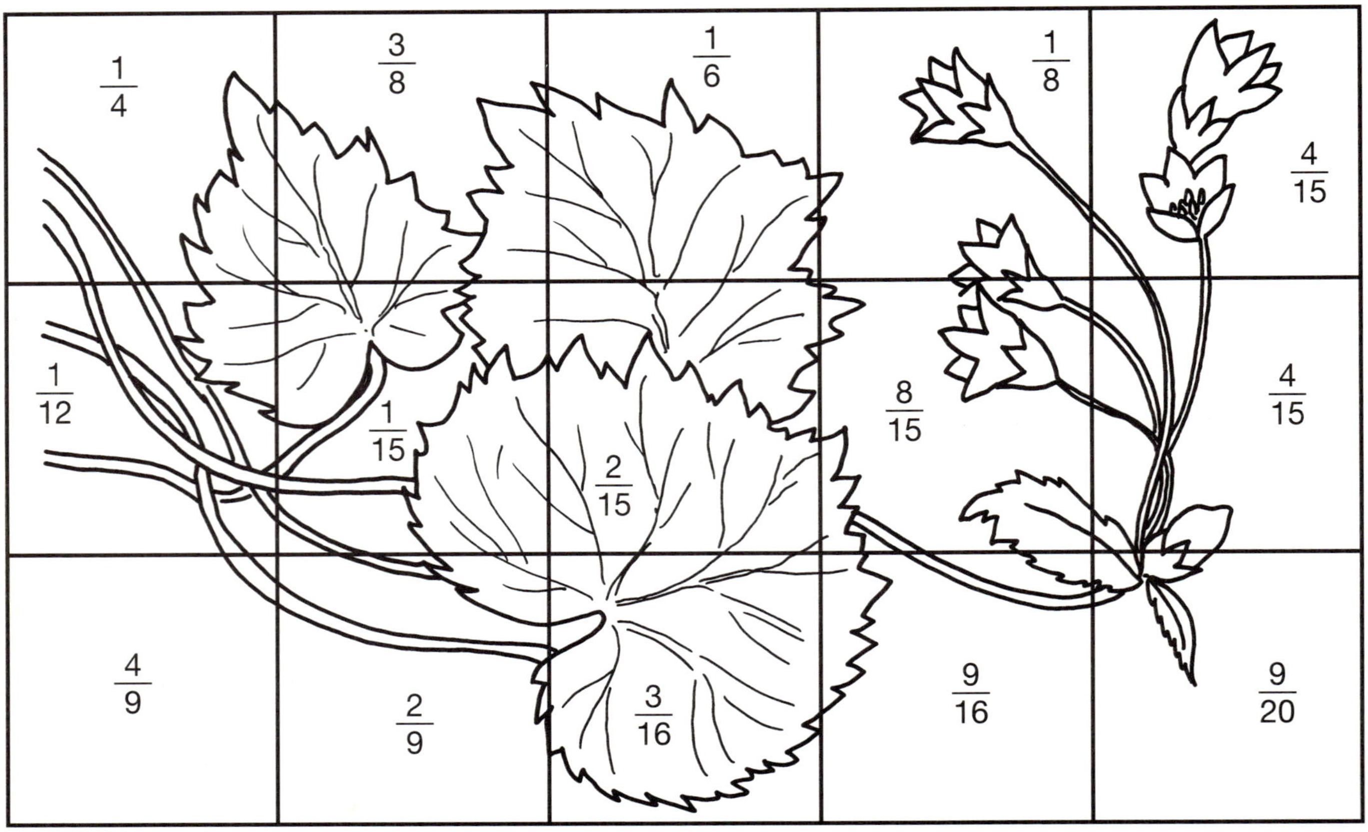

Multiplikation von Brüchen

Spielregel:

- Löse die Aufgaben und notiere die Ergebnisse.
- Suche die Ergebniszahlen im Bildteil und male die zugehörigen Felder mit einer beliebigen Farbe aus.
- Zu jedem Ergebnis gehört genau ein Ausmalfeld.
- Bei richtiger Lösung entsteht ein Bild.

① $\frac{1}{4}$ von $\frac{1}{2} = \frac{1 \cdot 1}{4 \cdot 2} = \frac{1}{8}$

② $\frac{1}{4}$ von $\frac{1}{3}$ = ____ = ____

③ $\frac{1}{2}$ von $\frac{3}{4}$ = ____ = ____

④ $\frac{1}{4}$ von $\frac{3}{5}$ = ____ = ____

⑤ $\frac{1}{4}$ von $\frac{5}{6}$ = ____ = ____

⑥ $\frac{2}{5}$ von $\frac{1}{3}$ = ____ = ____

⑦ $\frac{2}{5}$ von $\frac{2}{3}$ = ____ = ____

⑧ $\frac{2}{5}$ von $\frac{2}{5}$ = ____ = ____

⑨ $\frac{2}{5}$ von $\frac{3}{5}$ = ____ = ____

⑩ $\frac{2}{5}$ von $\frac{4}{5}$ = ____ = ____

⑪ $\frac{1}{7}$ von $\frac{5}{11}$ = ____ = ____

⑫ $\frac{2}{7}$ von $\frac{5}{11}$ = ____ = ____

⑬ $\frac{3}{7}$ von $\frac{5}{11}$ = ____ = ____

⑭ $\frac{4}{7}$ von $\frac{5}{11}$ = ____ = ____

⑮ $\frac{5}{7}$ von $\frac{5}{11}$ = ____ = ____

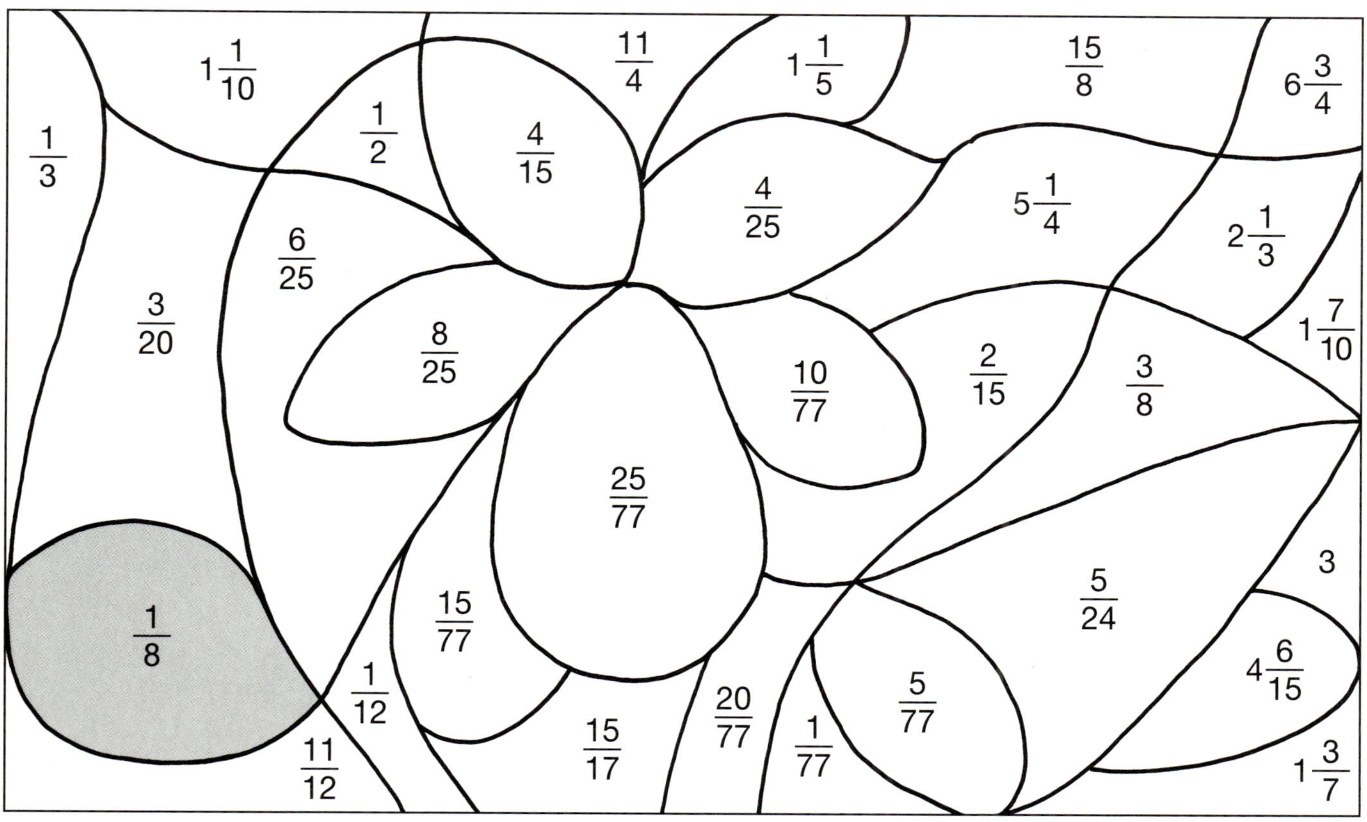

Multiplikation von Brüchen

① $\frac{1}{4}$ von $\frac{1}{2} = \frac{1 \cdot 1}{4 \cdot 2} = \frac{1}{8}$

② $\frac{1}{4}$ von $\frac{1}{3} = \frac{1}{12}$

③ $\frac{1}{2}$ von $\frac{3}{4} = \frac{3}{8}$

④ $\frac{1}{4}$ von $\frac{3}{5} = \frac{3}{20}$

⑤ $\frac{1}{4}$ von $\frac{5}{6} = \frac{5}{24}$

⑥ $\frac{2}{5}$ von $\frac{1}{3} = \frac{2}{15}$

⑦ $\frac{2}{5}$ von $\frac{2}{3} = \frac{4}{15}$

⑧ $\frac{2}{5}$ von $\frac{2}{5} = \frac{4}{25}$

⑨ $\frac{2}{5}$ von $\frac{3}{5} = \frac{6}{25}$

⑩ $\frac{2}{5}$ von $\frac{4}{5} = \frac{8}{25}$

⑪ $\frac{1}{7}$ von $\frac{5}{11} = \frac{5}{77}$

⑫ $\frac{2}{7}$ von $\frac{5}{11} = \frac{10}{77}$

⑬ $\frac{3}{7}$ von $\frac{5}{11} = \frac{15}{77}$

⑭ $\frac{4}{7}$ von $\frac{5}{11} = \frac{20}{77}$

⑮ $\frac{5}{7}$ von $\frac{5}{11} = \frac{25}{77}$

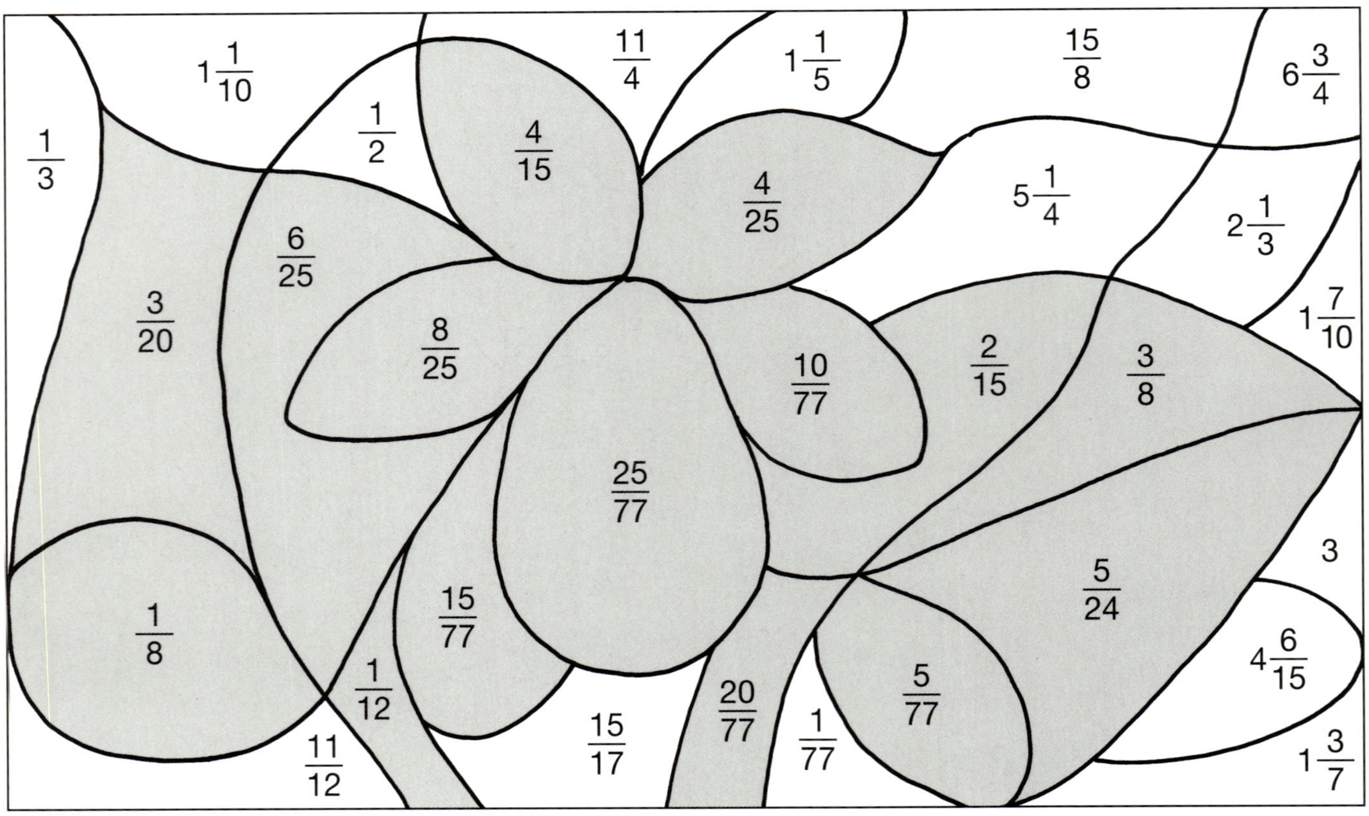

Multiplikation von Brüchen

Spielregel:

- Löse alle Aufgaben und notiere die Ergebnisse. (Kürzen nicht vergessen.)
- Verbinde im Bildteil die Punkte bei den Ergebniszahlen in der Reihenfolge der Aufgaben.
- Bei richtiger Lösung entsteht eine Bildfigur.

① $\frac{2}{3} \cdot \frac{1}{6} = \frac{\cancel{2}^{1} \cdot 1}{3 \cdot \cancel{6}_{3}} = \frac{1}{9}$

② $\frac{2}{3} \cdot \frac{3}{7} = \frac{2 \cdot 3}{3 \cdot 7} = \frac{2}{7}$

③ $\frac{5}{7} \cdot \frac{21}{25} = \_\_\_ = \_\_\_$

④ $\frac{2}{3} \cdot \frac{3}{5} = \_\_\_ = \_\_\_$

⑤ $\frac{4}{9} \cdot \frac{3}{6} = \_\_\_ = \_\_\_$

⑥ $\frac{9}{10} \cdot \frac{15}{21} = \_\_\_ = \_\_\_$

⑦ $\frac{8}{9} \cdot \frac{12}{20} = \_\_\_ = \_\_\_$

⑧ $\frac{4}{5} \cdot \frac{15}{16} = \_\_\_ = \_\_\_$

⑨ $\frac{5}{6} \cdot \frac{12}{15} = \_\_\_ = \_\_\_$

⑩ $\frac{2}{5} \cdot \frac{5}{14} = \_\_\_ = \_\_\_$

⑪ $\frac{3}{5} \cdot \frac{10}{12} = \_\_\_ = \_\_\_$

⑫ $\frac{1}{2} \cdot \frac{2}{3} = \_\_\_ = \_\_\_$

⑬ $\frac{3}{4} \cdot \frac{1}{3} = \_\_\_ = \_\_\_$

⑭ $\frac{1}{4} \cdot \frac{2}{3} = \_\_\_ = \_\_\_$

⑮ $\frac{1}{3} \cdot \frac{1}{3} = \_\_\_ = \_\_\_$

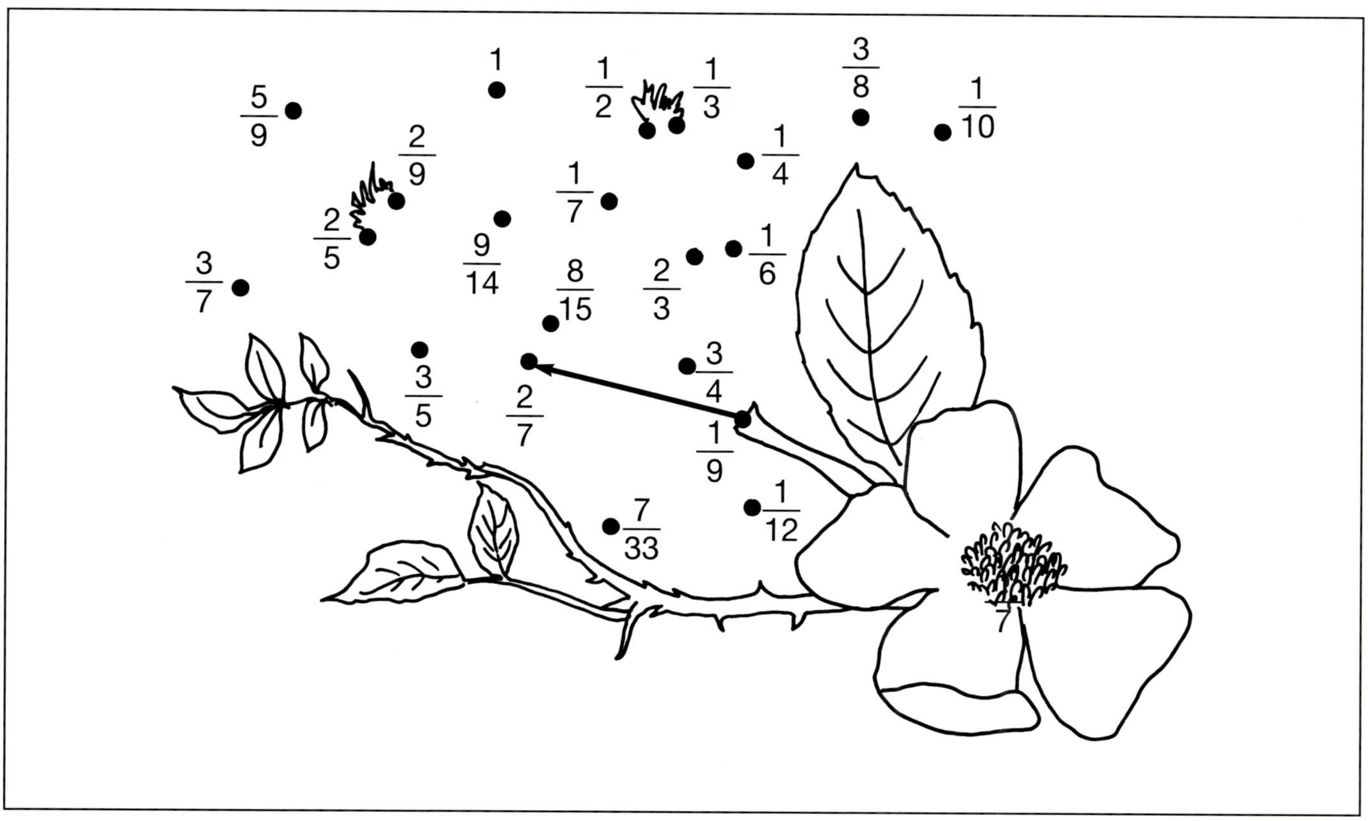

Multiplikation von Brüchen

① $\frac{2}{3} \cdot \frac{1}{6} = \frac{\cancel{2}^{1} \cdot 1}{3 \cdot \cancel{6}_{3}} = \underline{\underline{\frac{1}{9}}}$

② $\frac{2}{3} \cdot \frac{3}{7} = \frac{2 \cdot 3}{3 \cdot 7} = \underline{\underline{\frac{2}{7}}}$

③ $\frac{5}{7} \cdot \frac{21}{25} = \underline{\underline{\frac{3}{5}}}$

④ $\frac{2}{3} \cdot \frac{3}{5} = \underline{\underline{\frac{2}{5}}}$

⑤ $\frac{4}{9} \cdot \frac{3}{6} = \underline{\underline{\frac{2}{9}}}$

⑥ $\frac{9}{10} \cdot \frac{15}{21} = \underline{\underline{\frac{9}{14}}}$

⑦ $\frac{8}{9} \cdot \frac{12}{20} = \underline{\underline{\frac{8}{15}}}$

⑧ $\frac{4}{5} \cdot \frac{15}{16} = \underline{\underline{\frac{3}{4}}}$

⑨ $\frac{5}{6} \cdot \frac{12}{15} = \underline{\underline{\frac{2}{3}}}$

⑩ $\frac{2}{5} \cdot \frac{5}{14} = \underline{\underline{\frac{1}{7}}}$

⑪ $\frac{3}{5} \cdot \frac{10}{12} = \underline{\underline{\frac{1}{2}}}$

⑫ $\frac{1}{2} \cdot \frac{2}{3} = \underline{\underline{\frac{1}{3}}}$

⑬ $\frac{3}{4} \cdot \frac{1}{3} = \underline{\underline{\frac{1}{4}}}$

⑭ $\frac{1}{4} \cdot \frac{2}{3} = \underline{\underline{\frac{1}{6}}}$

⑮ $\frac{1}{3} \cdot \frac{1}{3} = \underline{\underline{\frac{1}{9}}}$

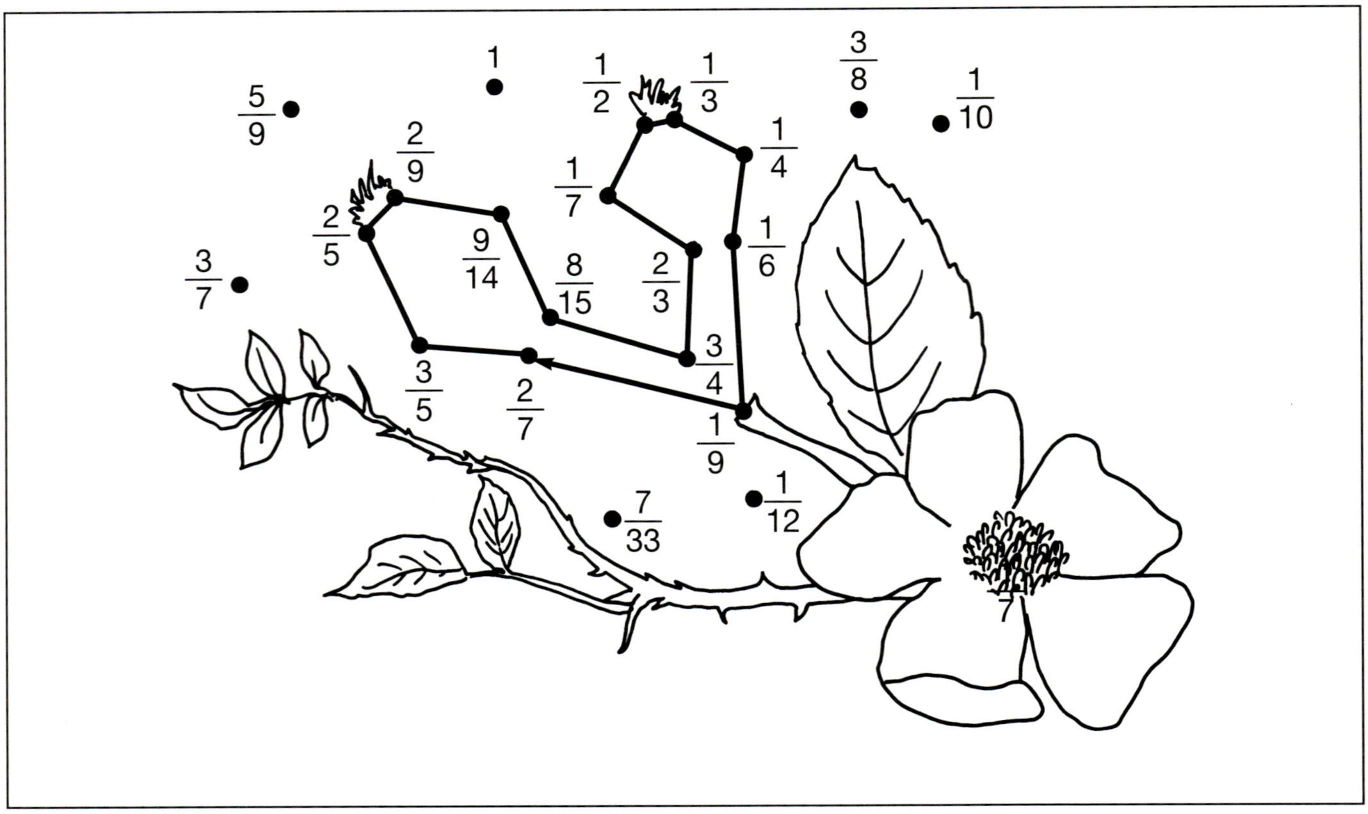

Multiplikation von Brüchen und gemischten Zahlen

Spielregel:
- Löse die Aufgaben und notiere die Ergebnisse.
- Suche die Ergebniszahlen im Bildteil und male die zugehörigen Felder mit einer beliebigen Farbe aus.
- Zu jedem Ergebnis gehört genau ein Ausmalfeld.
- Bei richtiger Lösung entsteht ein Bild.
- Tipp: Wandle vor dem Rechnen die gemischte Zahl in einen Bruch um. Kürze das Ergebnis wenn möglich und wandle es um in eine gemischte Zahl.

① $1\frac{1}{3} \cdot \frac{4}{5} = \frac{4 \cdot 4}{3 \cdot 5} = \frac{16}{15} = 1\frac{1}{15}$	② $1\frac{1}{2} \cdot 1\frac{1}{2} =$ ____ = ____ = ____
③ $2\frac{2}{3} \cdot \frac{4}{5} =$ ____ = ____ = ____	④ $1\frac{1}{2} \cdot 1\frac{1}{3} =$ ____ = ____ = ____
⑤ $5\frac{1}{3} \cdot \frac{4}{5} =$ ____ = ____ = ____	⑥ $1\frac{1}{2} \cdot 1\frac{1}{4} =$ ____ = ____ = ____
⑦ $6\frac{2}{3} \cdot \frac{4}{5} =$ ____ = ____ = ____	⑧ $1\frac{1}{2} \cdot 1\frac{1}{5} =$ ____ = ____ = ____
⑨ $6\frac{2}{3} \cdot \frac{2}{5} =$ ____ = ____ = ____	⑩ $1\frac{1}{2} \cdot 1\frac{1}{6} =$ ____ = ____ = ____
⑪ $6\frac{2}{3} \cdot \frac{1}{5} =$ ____ = ____ = ____	⑫ $1\frac{1}{2} \cdot 1\frac{1}{7} =$ ____ = ____ = ____
⑬ $3\frac{1}{3} \cdot \frac{1}{5} =$ ____ = ____ = ____	⑭ $2\frac{1}{2} \cdot 2\frac{1}{2} =$ ____ = ____ = ____

Multiplikation von Brüchen und gemischten Zahlen

① $1\frac{1}{3} \cdot \frac{4}{5} = \frac{4 \cdot 4}{3 \cdot 5} = \frac{16}{15} = 1\frac{1}{15}$

② $1\frac{1}{2} \cdot 1\frac{1}{2} = 2\frac{1}{4}$

③ $2\frac{2}{3} \cdot \frac{4}{5} = 2\frac{2}{15}$

④ $1\frac{1}{2} \cdot 1\frac{1}{3} = 2$

⑤ $5\frac{1}{3} \cdot \frac{4}{5} = 4\frac{4}{15}$

⑥ $1\frac{1}{2} \cdot 1\frac{1}{4} = 1\frac{7}{8}$

⑦ $6\frac{2}{3} \cdot \frac{4}{5} = 5\frac{1}{3}$

⑧ $1\frac{1}{2} \cdot 1\frac{1}{5} = 1\frac{4}{5}$

⑨ $6\frac{2}{3} \cdot \frac{2}{5} = 2\frac{2}{3}$

⑩ $1\frac{1}{2} \cdot 1\frac{1}{6} = 1\frac{3}{4}$

⑪ $6\frac{2}{3} \cdot \frac{1}{5} = 1\frac{1}{3}$

⑫ $1\frac{1}{2} \cdot 1\frac{1}{7} = 1\frac{5}{7}$

⑬ $3\frac{1}{3} \cdot \frac{1}{5} = \frac{2}{3}$

⑭ $2\frac{1}{2} \cdot 2\frac{1}{2} = 6\frac{1}{4}$

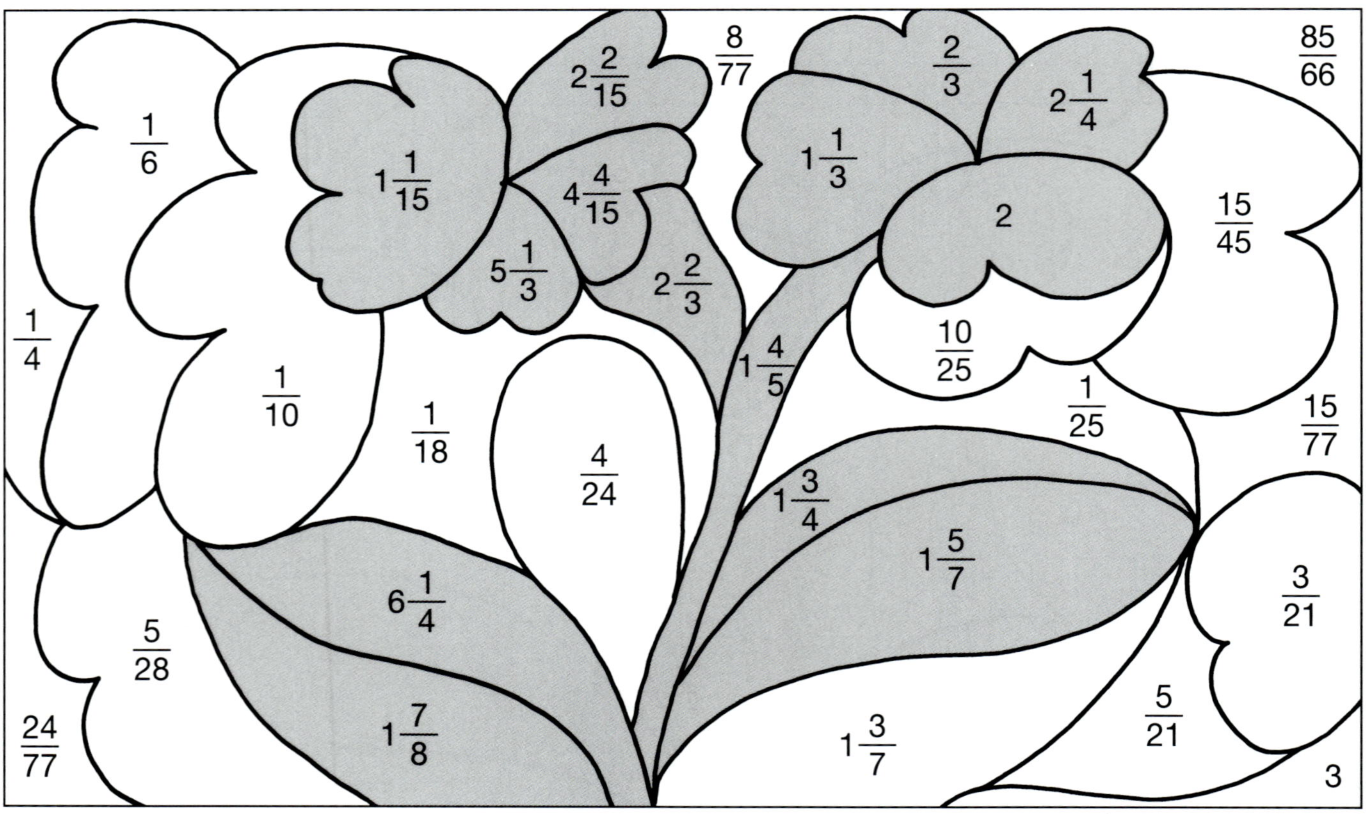

Division von Brüchen

Spielregel:

- Löse alle Aufgaben im Spielplan und notiere die Ergebnisse unter den Aufgaben. (Evtl. kürzen oder in gemischte Zahlen umwandeln.)
- Schneide alle Puzzleteile aus und lege sie im Spielplan auf die Felder mit den errechneten Ergebnissen.
- Bei richtiger Lösung entsteht ein Bild.
- Tipp: Klebe die Puzzleteile auf und male das Bild aus.

Spielplan:

$\frac{5}{6} : \frac{1}{3} = \frac{5 \cdot \not{3}^{1}}{_{2}\not{6} \cdot 1} = \frac{5}{2} = \underline{\underline{2\frac{1}{2}}}$	$\frac{6}{7} : \frac{9}{14} = \underline{\qquad}$ = =	$\frac{9}{10} : \frac{2}{3} = \underline{\qquad}$ = =	$\frac{3}{7} : \frac{3}{5} = \underline{\qquad}$ =	$\frac{4}{15} : \frac{8}{25} = \underline{\qquad}$ =
$\frac{7}{9} : \frac{7}{8} = \underline{\qquad}$ =	$\frac{4}{7} : \frac{20}{35} = \underline{\qquad}$ =	$\frac{7}{9} : \frac{5}{9} = \underline{\qquad}$ = =	$\frac{9}{10} : \frac{9}{8} = \underline{\qquad}$ =	$\frac{3}{4} : \frac{5}{6} = \underline{\qquad}$ =
$\frac{7}{15} : \frac{14}{35} = \underline{\qquad}$ = =	$\frac{8}{9} : \frac{4}{7} = \underline{\qquad}$ = =	$\frac{1}{2} : \frac{1}{3} = \underline{\qquad}$ = =	$\frac{2}{5} : \frac{2}{3} = \underline{\qquad}$ =	$\frac{1}{5} : \frac{1}{2} = \underline{\qquad}$ =

Puzzleteile:

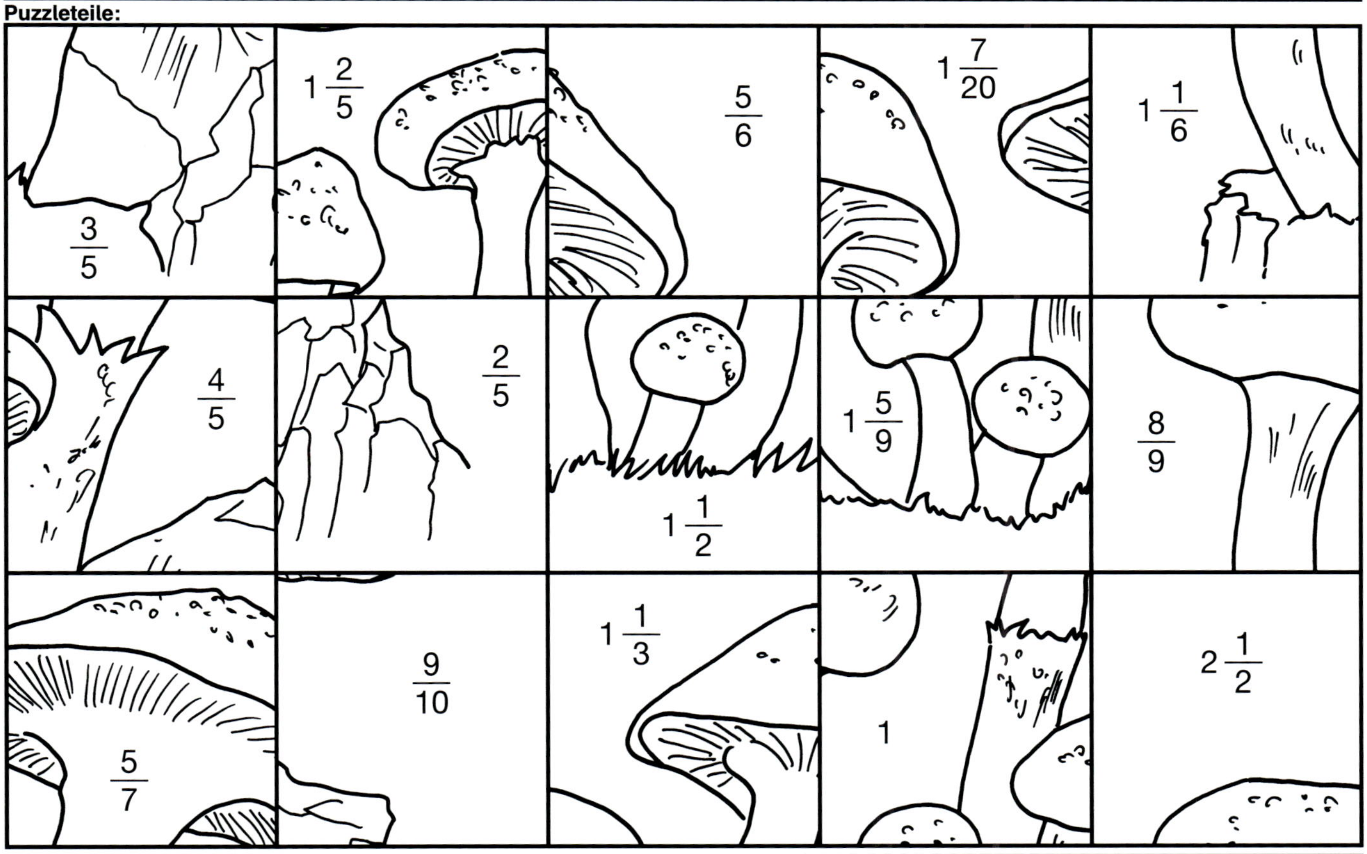

Division von Brüchen

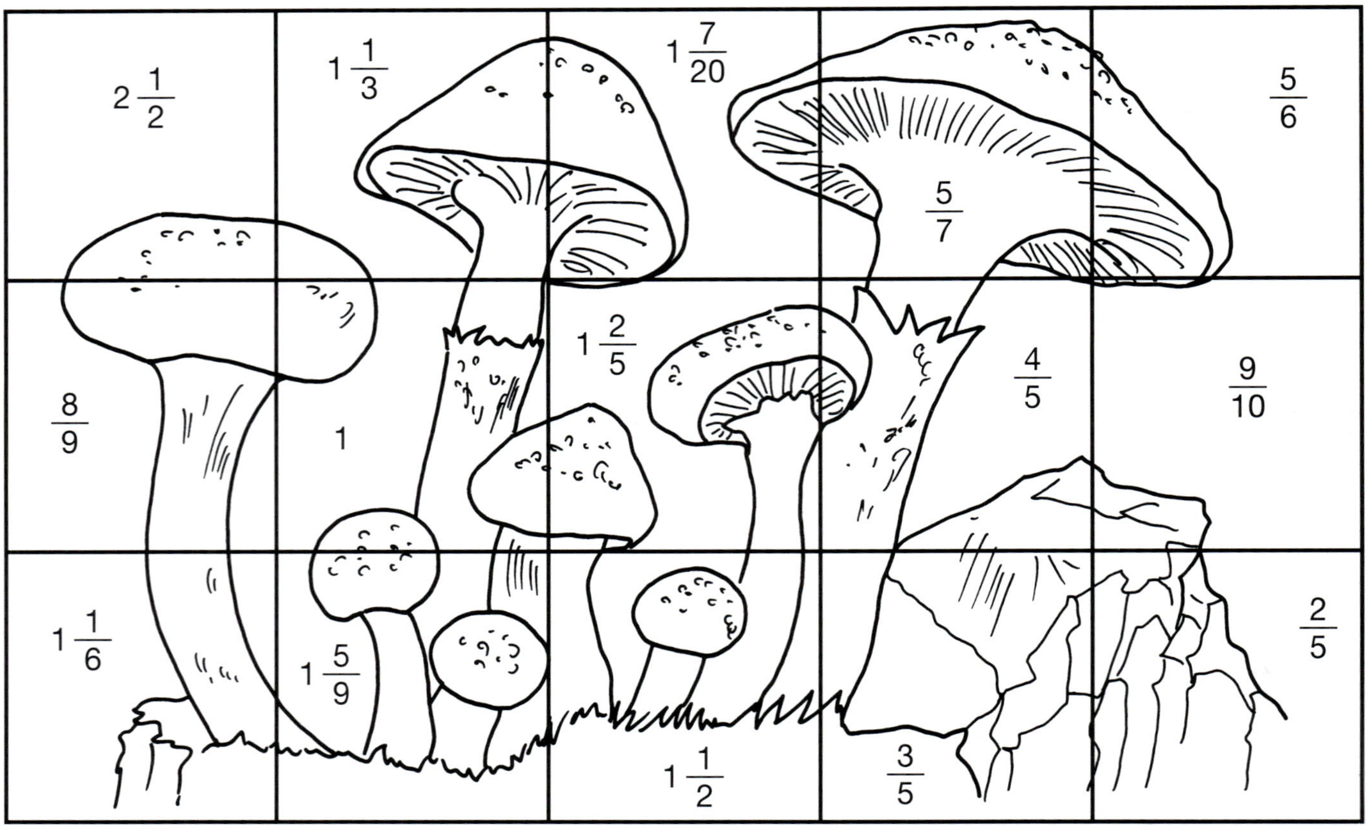

Division von Brüchen

Spielregel:
- Löse die Aufgaben und notiere die Ergebnisse. (Evtl. kürzen oder in gemischte Zahl umwandeln.)
- Suche die Ergebniszahlen im Bildteil und male die zugehörigen Felder mit einer beliebigen Farbe aus.
- Zu jedem Ergebnis gehört genau ein Ausmalfeld.
- Bei richtiger Lösung entsteht ein Bild.

① $\frac{33}{50} : \frac{11}{25} =$

$\frac{\overset{3}{\cancel{33}} \cdot \cancel{25}^{1}}{{}_{2}\cancel{50} \cdot \cancel{11}_{1}} = \frac{3}{2} = 1\frac{1}{2}$

② $\frac{45}{49} : \frac{20}{28} =$

$\underline{\qquad\qquad} =$

③ $\frac{35}{52} : \frac{10}{13} =$

$\underline{\qquad\qquad} =$

④ $\frac{21}{22} : \frac{14}{55} =$

$\underline{\qquad\qquad} =$

⑤ $\frac{54}{63} : \frac{18}{21} =$

$\underline{\qquad\qquad} =$

⑥ $\frac{25}{55} : \frac{75}{77} =$

$\underline{\qquad\qquad} =$

⑦ $\frac{27}{50} : \frac{21}{30} =$

$\underline{\qquad\qquad} =$

⑧ $\frac{12}{35} : \frac{9}{28} =$

$\underline{\qquad\qquad} =$

⑨ $\frac{35}{44} : \frac{7}{66} =$

$\underline{\qquad\qquad} =$

⑩ $\frac{24}{75} : \frac{12}{25} =$

$\underline{\qquad\qquad} =$

⑪ $\frac{25}{52} : \frac{50}{26} =$

$\underline{\qquad\qquad} =$

⑫ $\frac{54}{55} : \frac{45}{66} =$

$\underline{\qquad\qquad} =$

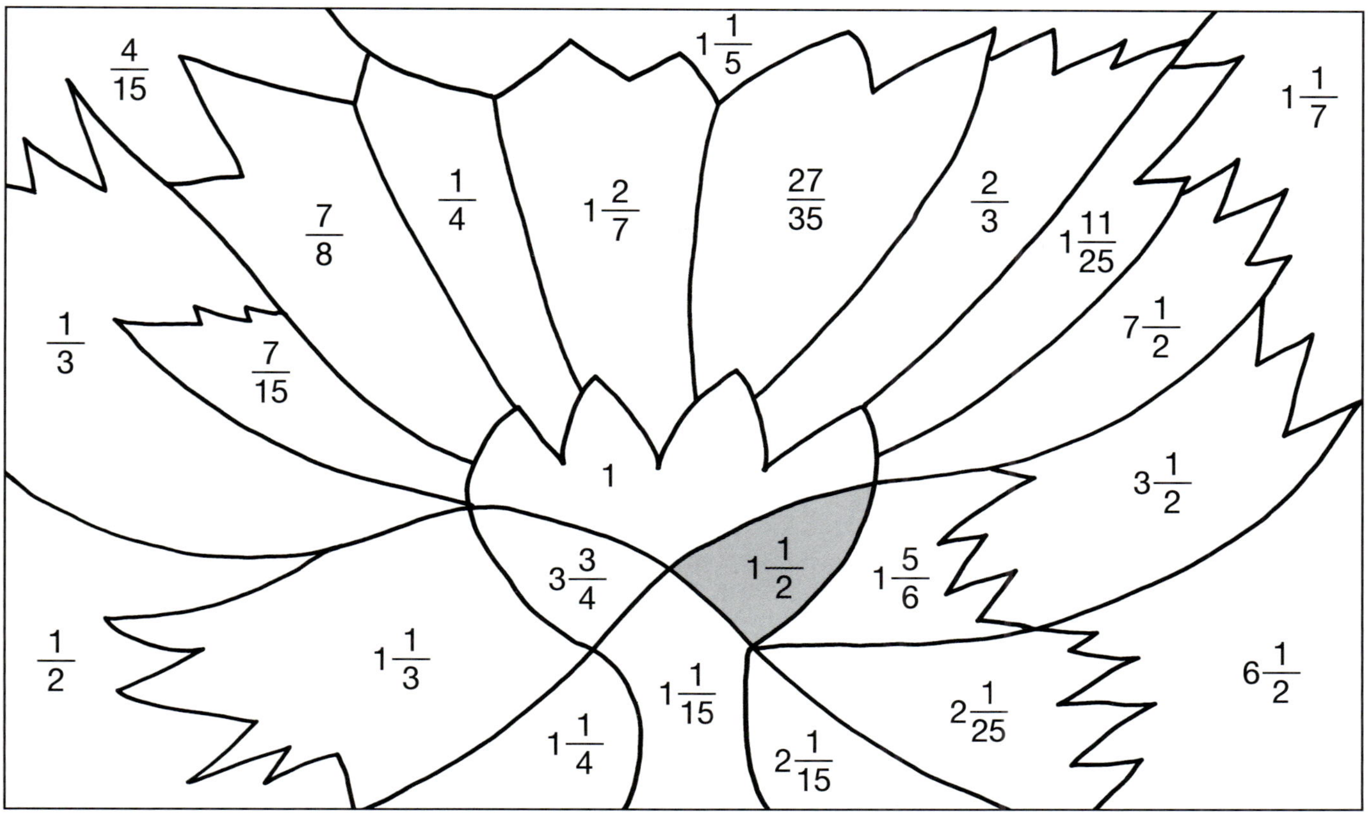

Division von Brüchen

① $\frac{33}{50} : \frac{11}{25} = \frac{33 \cdot 25}{50 \cdot 11} = \frac{3}{2} = 1\frac{1}{2}$

② $\frac{45}{49} : \frac{20}{28} = \frac{45 \cdot 28}{49 \cdot 20} = \frac{9}{7} = 1\frac{2}{7}$

③ $\frac{35}{52} : \frac{10}{13} = \frac{35 \cdot 13}{52 \cdot 10} = \frac{7}{8}$

④ $\frac{21}{22} : \frac{14}{55} = \frac{21 \cdot 55}{22 \cdot 14} = \frac{15}{4} = 3\frac{3}{4}$

⑤ $\frac{54}{63} : \frac{18}{21} = \frac{54 \cdot 21}{63 \cdot 18} = \frac{3}{3} = 1$

⑥ $\frac{25}{55} : \frac{75}{77} = \frac{25 \cdot 77}{55 \cdot 75} = \frac{7}{15}$

⑦ $\frac{27}{50} : \frac{21}{30} = \frac{27 \cdot 30}{50 \cdot 21} = \frac{27}{35}$

⑧ $\frac{12}{35} : \frac{9}{28} = \frac{12 \cdot 28}{35 \cdot 9} = \frac{16}{15} = 1\frac{1}{15}$

⑨ $\frac{35}{44} : \frac{7}{66} = \frac{35 \cdot 66}{44 \cdot 7} = \frac{30}{4} = 7\frac{1}{2}$

⑩ $\frac{24}{75} : \frac{12}{25} = \frac{24 \cdot 25}{75 \cdot 12} = \frac{2}{3}$

⑪ $\frac{25}{52} : \frac{50}{26} = \frac{25 \cdot 26}{52 \cdot 50} = \frac{1}{4}$

⑫ $\frac{54}{55} : \frac{45}{66} = \frac{54 \cdot 66}{55 \cdot 45} = \frac{36}{25} = 1\frac{11}{25}$

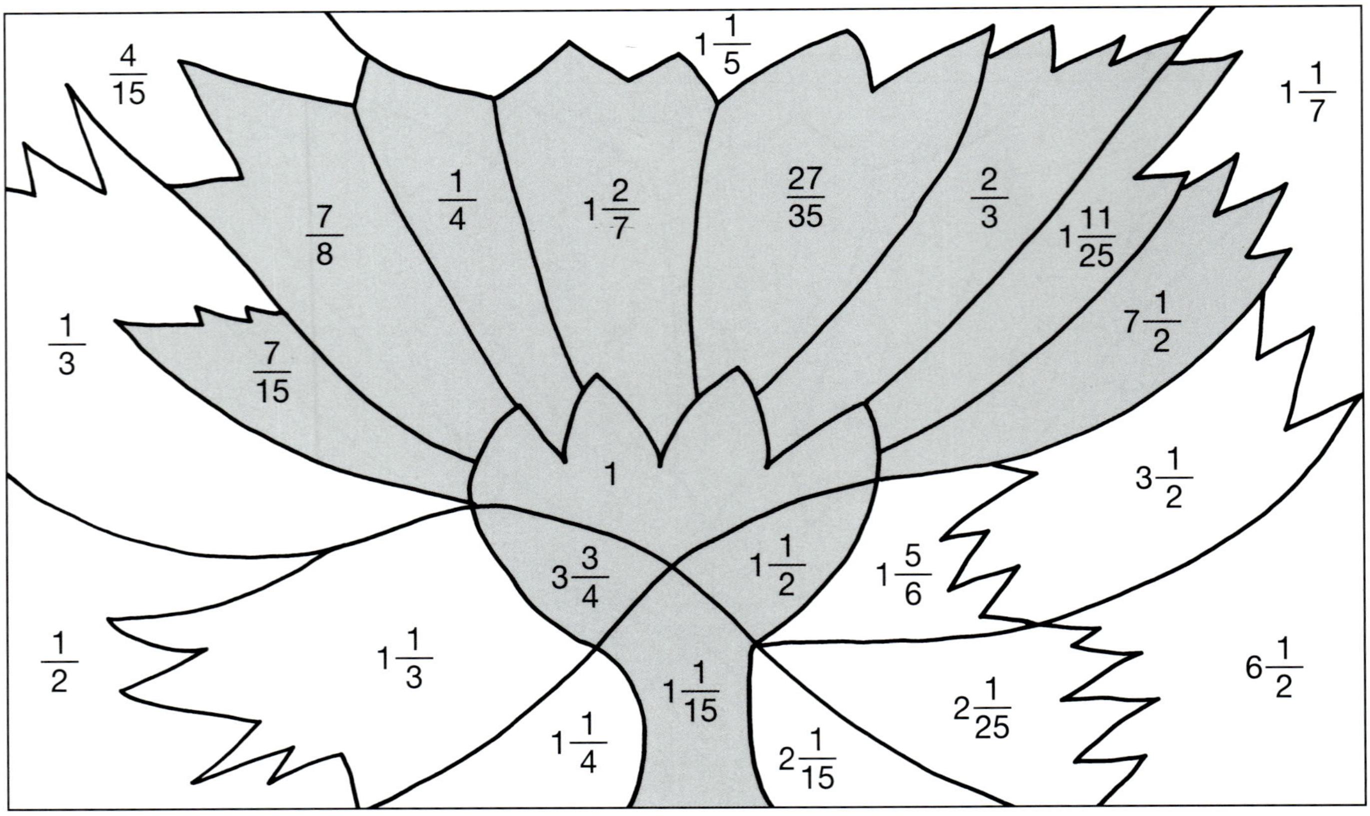

Division von Brüchen

Spielregel:
- Schneide die Dominoteile („Tortenstücke“) entlang der durchgezogenen Linien aus.
- Rechne die Aufgabe auf einem beliebigen Dominoteil und notiere das gekürzte Ergebnis wenn möglich als gemischte Zahl.
- Suche das Dominoteil mit der richtigen Lösungszahl, lege es rechts daneben und löse die neue Aufgabe usw.
- Wenn du alle Aufgaben richtig gelöst hast, entsteht in der Mitte ein Lösungsbild.

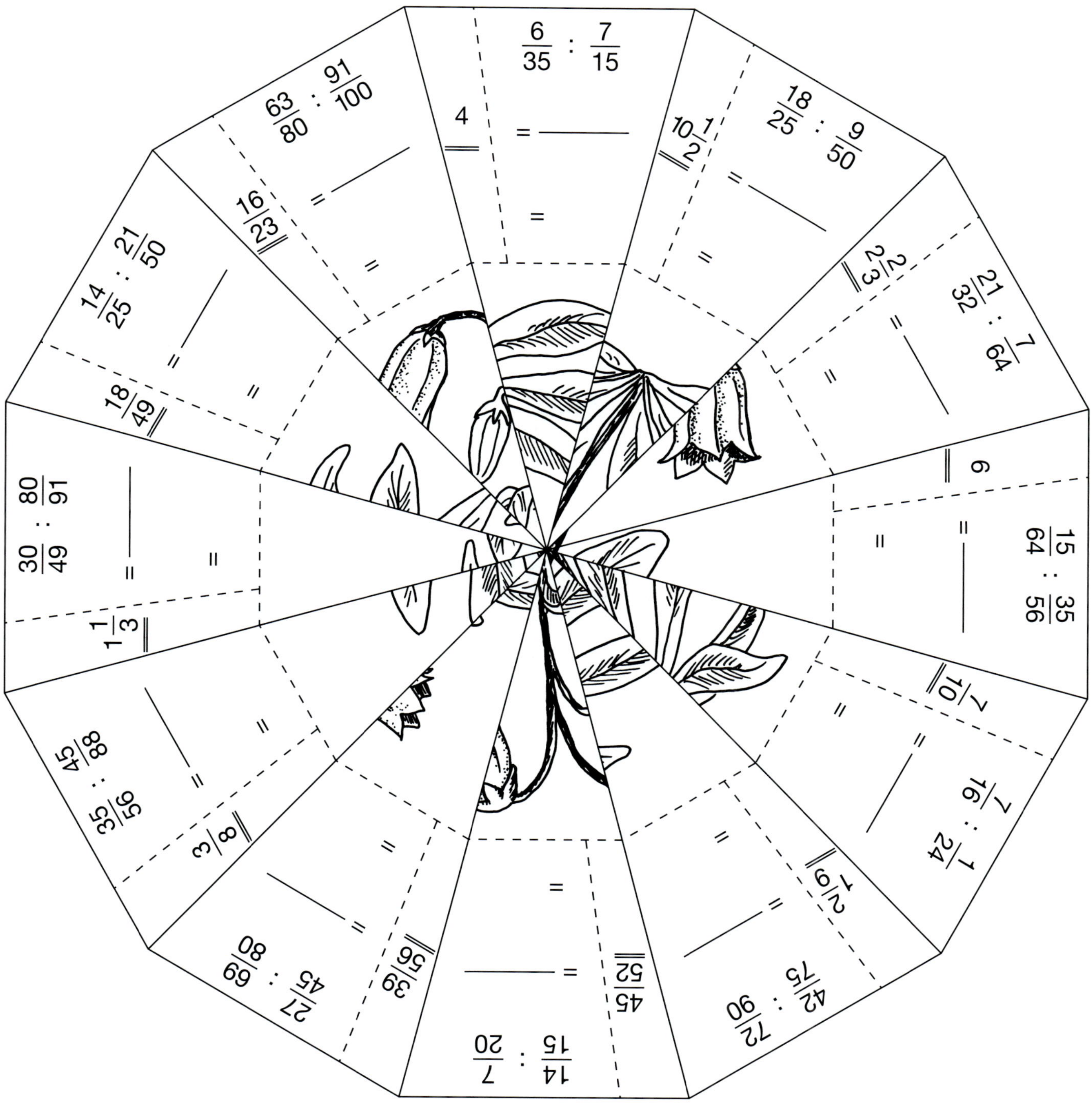

Division von Brüchen

$\frac{14}{15} : \frac{7}{20} = \frac{14 \cdot 20}{15 \cdot 7} = \frac{8}{3} = 2\frac{2}{3}$ — Randfeld: $\frac{45}{52}$

$\frac{21}{32} : \frac{7}{64} = \frac{21 \cdot 64}{32 \cdot 7} = \frac{6}{1} = 6$ — Randfeld: $2\frac{2}{3}$

$\frac{15}{64} : \frac{35}{56} = \frac{15 \cdot 56}{64 \cdot 35} = \frac{3}{8}$ — Randfeld: 6

$\frac{35}{56} : \frac{45}{88} = \frac{35 \cdot 88}{56 \cdot 45} = \frac{11}{9} = 1\frac{2}{9}$ — Randfeld: $\frac{3}{8}$

$\frac{42}{75} : \frac{72}{90} = \frac{42 \cdot 90}{75 \cdot 72} = \frac{7}{10}$ — Randfeld: $1\frac{2}{9}$

$\frac{7}{16} : \frac{1}{24} = \frac{7 \cdot 24}{16 \cdot 1} = \frac{21}{2} = 10\frac{1}{2}$ — Randfeld: $\frac{7}{10}$

$\frac{18}{25} : \frac{9}{50} = \frac{18 \cdot 50}{25 \cdot 9} = 4$ — Randfeld: $10\frac{1}{2}$

$\frac{6}{35} : \frac{7}{15} = \frac{6 \cdot 15}{35 \cdot 7} = \frac{18}{49}$ — Randfeld: 4

$\frac{14}{25} : \frac{21}{50} = \frac{14 \cdot 50}{25 \cdot 21} = \frac{4}{3} = 1\frac{1}{3}$ — Randfeld: $\frac{18}{49}$

$\frac{30}{49} : \frac{80}{91} = \frac{30 \cdot 91}{49 \cdot 80} = \frac{39}{56}$ — Randfeld: $1\frac{1}{3}$

$\frac{27}{45} : \frac{69}{80} = \frac{27 \cdot 80}{45 \cdot 69} = \frac{16}{23}$ — Randfeld: $\frac{39}{56}$

$\frac{63}{80} : \frac{91}{100} = \frac{63 \cdot 100}{80 \cdot 91} = \frac{45}{52}$ — Randfeld: $\frac{16}{23}$

Division von Brüchen und gemischten Zahlen

Spielregel:

- Löse die Aufgaben.
- Suche zu jedem Ergebnis im „Schlüssel“ die zugehörigen Buchstaben und notiere sie hinter dem Ergebnis.
- Bei richtiger Lösung erhältst du den Lösungsspruch. Notiere ihn unten auf dem Blatt.
- Tipp: Wandle die gemischten Zahlen vor dem Rechnen in Brüche um. Kürze wenn möglich und wandle das Ergebnis wieder in eine gemischte Zahl um.

	Buchstaben
$2\frac{1}{2} : \frac{5}{6} = \frac{\overset{1}{\cancel{5}} \cdot \overset{3}{\cancel{6}}}{\underset{1}{\cancel{2}} \cdot \underset{1}{\cancel{5}}} = 3$	Ge-
$5 : \frac{5}{6} = \_\_\_\_ = \_\_\_\_$	____
$10 : \frac{5}{6} = \_\_\_\_ = \_\_\_\_$	____
$7\frac{1}{2} : \frac{5}{12} = \_\_\_\_ = \_\_\_\_$	____
$7\frac{1}{2} : \frac{4}{12} = \_\_\_\_ = \_\_\_\_$	____
$7\frac{1}{2} : \frac{3}{12} = \_\_\_\_ = \_\_\_\_$	____
$7\frac{1}{2} : \frac{2}{12} = \_\_\_\_ = \_\_\_\_$	____
$7\frac{1}{2} : \frac{1}{12} = \_\_\_\_ = \_\_\_\_$	____

	Buchstaben
$1\frac{1}{2} : 1\frac{1}{2} = \_\_\_\_ = \_\_\_\_$	____
$1\frac{2}{3} : 1\frac{1}{2} = \_\_\_\_ = \_\_\_\_$	____
$13\frac{1}{2} : 1\frac{1}{2} = \_\_\_\_ = \_\_\_\_$	____
$4\frac{1}{6} : 12\frac{1}{2} = \_\_\_\_ = \_\_\_\_$	____
$8\frac{1}{3} : 12\frac{1}{2} = \_\_\_\_ = \_\_\_\_$	____
$8\frac{1}{3} : 2\frac{1}{2} = \_\_\_\_ = \_\_\_\_$	____
$22\frac{1}{2} : 1\frac{1}{2} = \_\_\_\_ = \_\_\_\_$	____
$22\frac{1}{2} : \frac{3}{4} = \_\_\_\_ = \_\_\_\_$	____

SCHLÜSSEL:			
$\frac{1}{3}$ → was	$1\frac{1}{9}$ → nd-	9 → et	$22\frac{1}{2}$ → wer
$\frac{2}{3}$ → er	3 → Ge-	12 → det	30 → weiß
1 → fi-	$3\frac{1}{3}$ → ni-	15 → cht	45 → wo
	6 → bil-	18 → ist	90 → er

Lösungsspruch:

G e _ _ _ _ _ _   _ _ _,   _ _ _   _ _ _ _,   _ _   _ _

_ _ _ _ _ _,   _ _ _   _ _   _ _ _ _ _   _ _ _ _.

Division von Brüchen und gemischten Zahlen

	Buchstaben
$2\frac{1}{2} : \frac{5}{6} = \frac{\cancel{5}^{1} \cdot \cancel{6}^{3}}{{}_{1}\cancel{2} \cdot \cancel{5}_{1}} = 3$	Ge-
$5 : \frac{5}{6} = 6$	bil-
$10 : \frac{5}{6} = 12$	det
$7\frac{1}{2} : \frac{5}{12} = 18$	ist
$7\frac{1}{2} : \frac{4}{12} = 22\frac{1}{2}$	wer
$7\frac{1}{2} : \frac{3}{12} = 30$	weiß
$7\frac{1}{2} : \frac{2}{12} = 45$	wo
$7\frac{1}{2} : \frac{1}{12} = 90$	er

	Buchstaben
$1\frac{1}{2} : 1\frac{1}{2} = 1$	fi-
$1\frac{2}{3} : 1\frac{1}{2} = 1\frac{1}{9}$	nd-
$13\frac{1}{2} : 1\frac{1}{2} = 9$	et
$4\frac{1}{6} : 12\frac{1}{2} = \frac{1}{3}$	was
$8\frac{1}{3} : 12\frac{1}{2} = \frac{2}{3}$	er
$8\frac{1}{3} : 2\frac{1}{2} = 3\frac{1}{3}$	ni-
$22\frac{1}{2} : 1\frac{1}{2} = 15$	cht
$22\frac{1}{2} : \frac{3}{4} = 30$	weiß

Lösungsspruch:

Gebildet ist, wer weiß, wo er findet, was er nicht weiß.

Multiplikation und Division gemischter Zahlen

Spielregel:
- Löse alle Aufgaben, notiere die Ergebnisse und kürze wenn möglich und schreibe als gemischte Zahl.
- Verbinde im Bildteil die Punkte bei den Ergebniszahlen in der Reihenfolge der Aufgaben.
- Bei richtiger Lösung entsteht eine Bildfigur.

① $1\frac{2}{7} \cdot 2\frac{2}{3} = \frac{{}^{3}\not{9} \cdot 8}{7 \cdot \not{3}_{1}} = \frac{24}{7} = 3\frac{3}{7}$

② $3\frac{3}{7} \cdot 1\frac{1}{6} = \frac{{}^{4}\not{24} \cdot \not{7}^{1}}{{}_{1}\not{7} \cdot \not{6}_{1}} = 4$

③ $5\frac{1}{3} \cdot 1\frac{1}{4} = \frac{16 \cdot 5}{3 \cdot 4}$ = =

④ $4\frac{4}{5} \cdot 1\frac{5}{8} =$ = =

⑤ $3\frac{1}{2} \cdot 1\frac{1}{3} =$ = =

⑥ $1\frac{1}{6} \cdot 1\frac{3}{5} =$ = =

⑦ $2\frac{1}{2} : 3\frac{3}{5} =$ =

⑧ $2\frac{2}{5} : 1\frac{1}{5} =$ =

⑨ $1\frac{3}{4} : 2\frac{4}{5} =$ =

⑩ $3\frac{4}{9} : 2\frac{1}{9} =$ = =

⑪ $4\frac{2}{5} : 4\frac{4}{10} =$ =

⑫ $5\frac{1}{3} : 1\frac{5}{9} =$ = =

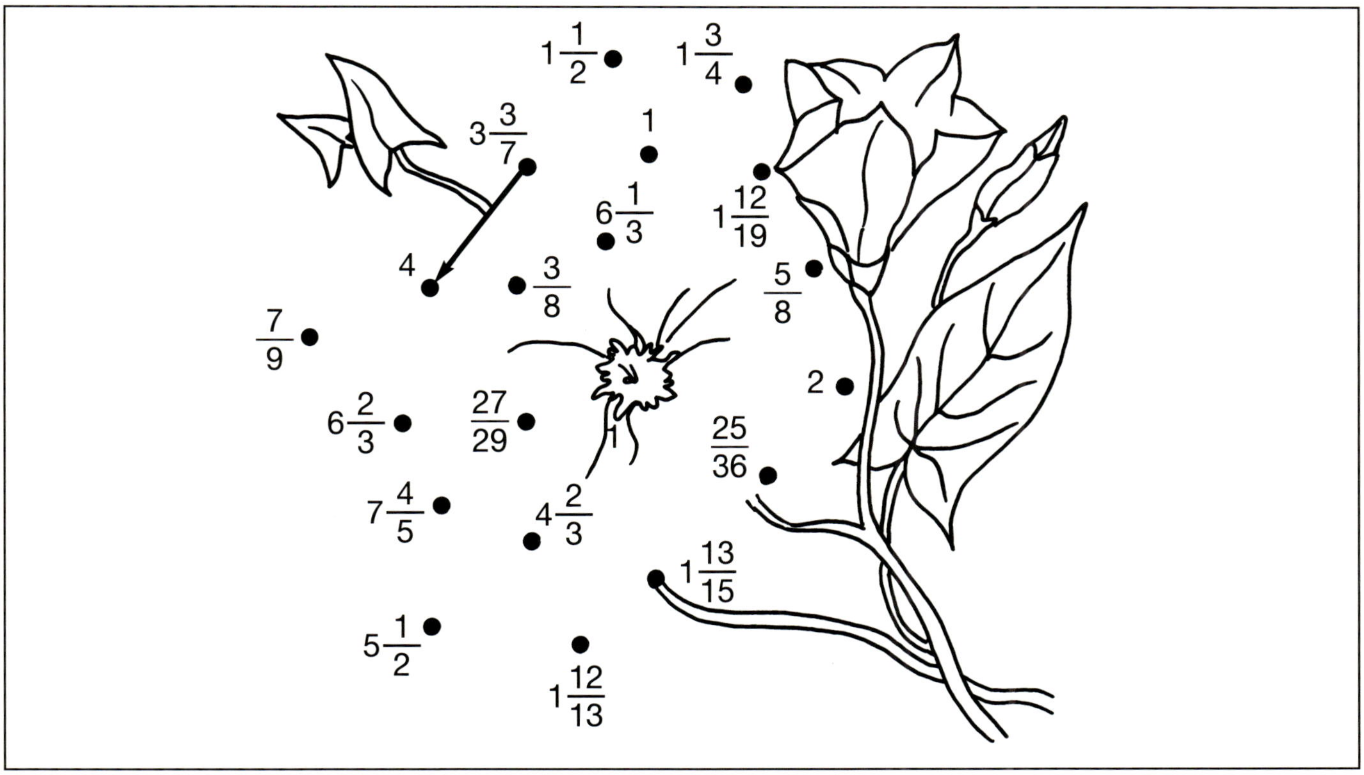

Multiplikation und Division gemischter Zahlen

① $1\frac{2}{7} \cdot 2\frac{2}{3} = \frac{\cancel{9}^{3} \cdot 8}{7 \cdot \cancel{3}_{1}} = \frac{24}{7} = 3\frac{3}{7}$

② $3\frac{3}{7} \cdot 1\frac{1}{6} = \frac{\cancel{24}^{4} \cdot \cancel{7}^{1}}{\cancel{7}_{1} \cdot \cancel{6}_{1}} = 4$

③ $5\frac{1}{3} \cdot 1\frac{1}{4} = \frac{\cancel{16}^{4} \cdot 5}{3 \cdot \cancel{4}_{1}} = \frac{20}{3} = 6\frac{2}{3}$

④ $4\frac{4}{5} \cdot 1\frac{5}{8} = \frac{\cancel{24}^{3} \cdot 13}{5 \cdot \cancel{8}_{1}} = \frac{39}{5} = 7\frac{4}{5}$

⑤ $3\frac{1}{2} \cdot 1\frac{1}{3} = \frac{7 \cdot \cancel{4}^{2}}{\cancel{2}_{1} \cdot 3} = \frac{14}{3} = 4\frac{2}{3}$

⑥ $1\frac{1}{6} \cdot 1\frac{3}{5} = \frac{7 \cdot \cancel{8}^{4}}{\cancel{6}_{3} \cdot 5} = \frac{28}{15} = 1\frac{13}{15}$

⑦ $2\frac{1}{2} : 3\frac{3}{5} = \frac{5 \cdot 5}{2 \cdot 18} = \frac{25}{36}$

⑧ $2\frac{2}{5} : 1\frac{1}{5} = \frac{\cancel{12}^{2} \cdot \cancel{5}^{1}}{\cancel{5}_{1} \cdot \cancel{6}_{1}} = 2$

⑨ $1\frac{3}{4} : 2\frac{4}{5} = \frac{\cancel{7}^{1} \cdot 5}{4 \cdot \cancel{14}_{2}} = \frac{5}{8}$

⑩ $3\frac{4}{9} : 2\frac{1}{9} = \frac{31 \cdot \cancel{9}^{1}}{\cancel{9}_{1} \cdot 19} = \frac{31}{19} = 1\frac{12}{19}$

⑪ $4\frac{2}{5} : 4\frac{4}{10} = \frac{\cancel{22}^{1} \cdot \cancel{10}^{2}}{\cancel{5}_{1} \cdot \cancel{44}_{2}} = 1$

⑫ $5\frac{1}{3} : 1\frac{5}{9} = \frac{\cancel{16}^{8} \cdot \cancel{9}^{3}}{\cancel{3}_{1} \cdot \cancel{14}_{7}} = \frac{24}{7} = 3\frac{3}{7}$

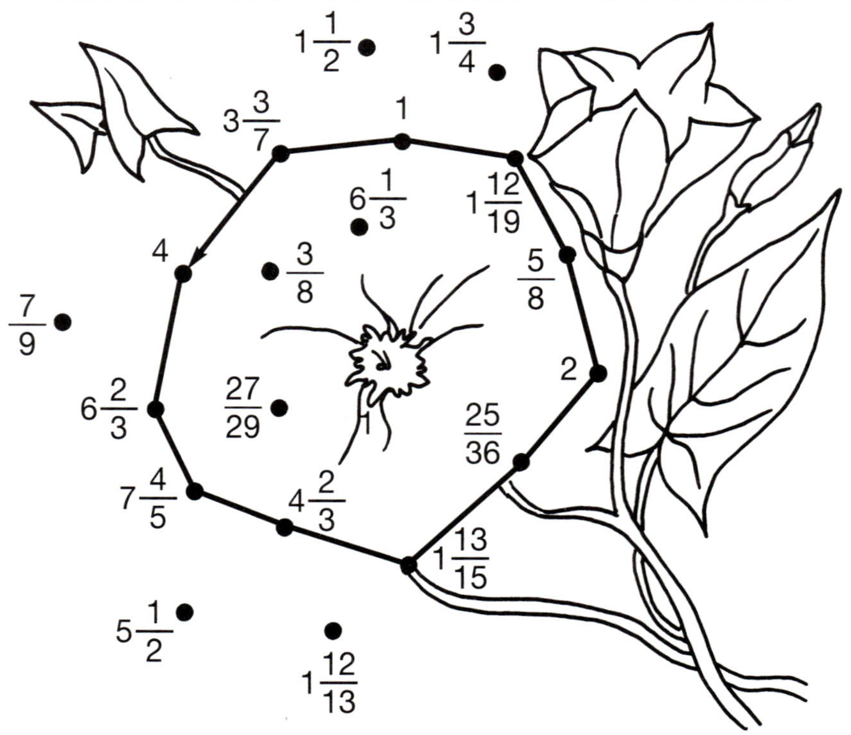

Multiplikation und Division gemischter Zahlen

Spielregel:

- Löse die Aufgaben und notiere die Ergebnisse. (Evtl. kürzen oder in eine gemischte Zahl umwandeln.)
- Suche die Ergebniszahlen im Bildteil und male die zugehörigen Felder mit einer beliebigen Farbe aus.
- Zu jedem Ergebnis gehört genau ein Ausmalfeld.
- Bei richtiger Lösung entsteht ein Bild.

① $2\frac{4}{7} \cdot 1\frac{1}{9} = \frac{{}^{2}\not{18} \cdot 10}{7 \cdot \not{9}_{1}} = \frac{20}{7} = 2\frac{6}{7}$

② $1\frac{1}{3} \cdot 2\frac{1}{12} = \_\_\_\_ = \_\_\_\_ = \_\_\_\_$

③ $2\frac{2}{9} \cdot 2\frac{7}{10} = \_\_\_\_ = \_\_\_\_$

④ $1\frac{1}{5} \cdot 2\frac{5}{6} = \_\_\_\_ = \_\_\_\_ = \_\_\_\_$

⑤ $3\frac{3}{4} \cdot 1\frac{1}{5} = \_\_\_\_ = \_\_\_\_ = \_\_\_\_$

⑥ $1\frac{3}{10} \cdot 2\frac{2}{13} = \_\_\_\_ = \_\_\_\_ = \_\_\_\_$

⑦ $1\frac{1}{8} : 2\frac{5}{11} = \_\_\_\_ = \_\_\_\_$

⑧ $4\frac{2}{5} : 3\frac{3}{10} = \_\_\_\_ = \_\_\_\_ = \_\_\_\_$

⑨ $1\frac{1}{2} : 2\frac{1}{4} = \_\_\_\_ = \_\_\_\_$

⑩ $2\frac{5}{6} : 3\frac{1}{3} = \_\_\_\_ = \_\_\_\_$

⑪ $1\frac{1}{5} : 2\frac{1}{15} = \_\_\_\_ = \_\_\_\_$

⑫ $2\frac{2}{9} : 2\frac{1}{12} = \_\_\_\_ = \_\_\_\_ = \_\_\_\_$

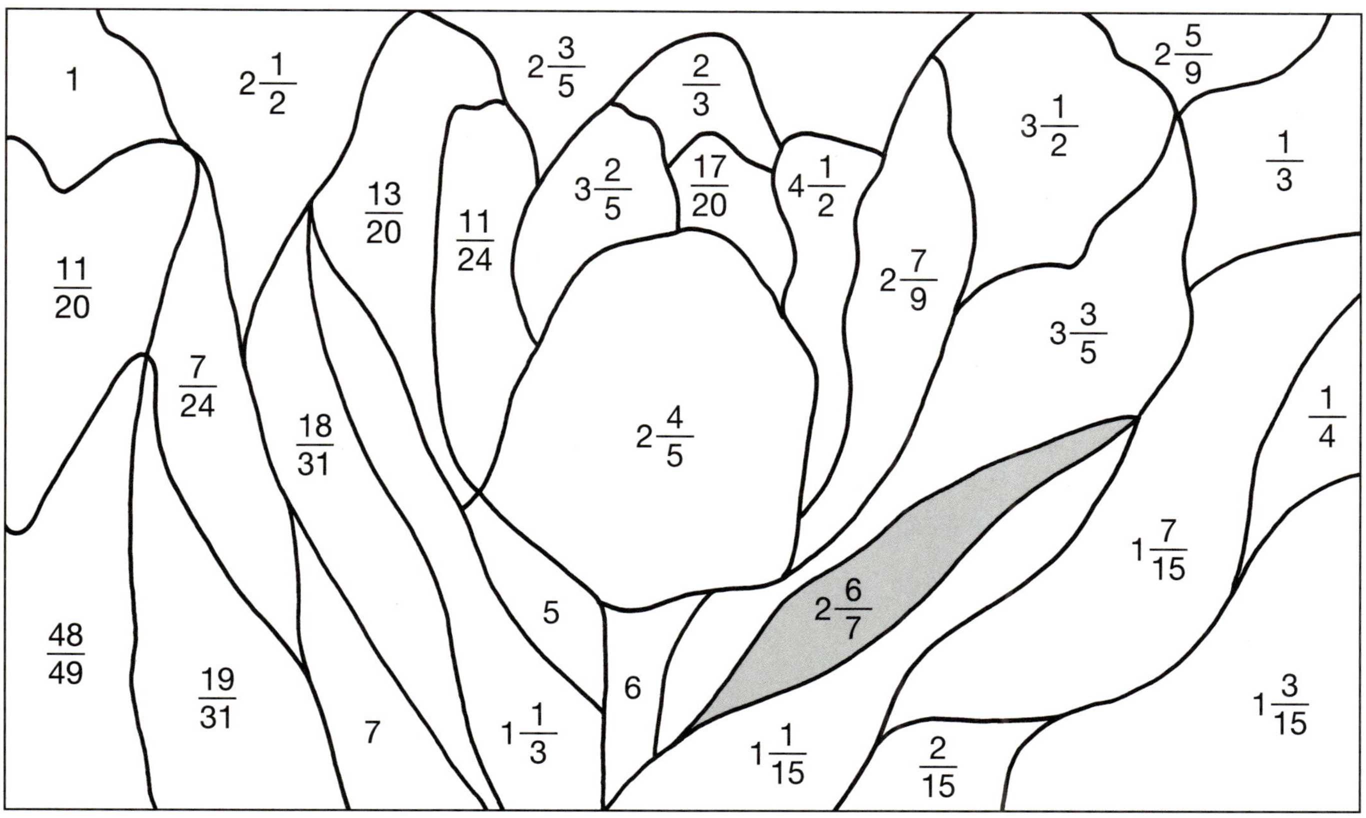

Multiplikation und Division gemischter Zahlen

① $2\frac{4}{7} \cdot 1\frac{1}{9} = \frac{18 \cdot 10}{7 \cdot 9} = \frac{20}{7} = 2\frac{6}{7}$

② $1\frac{1}{3} \cdot 2\frac{1}{12} = \frac{4 \cdot 25}{3 \cdot 12} = \frac{25}{9} = 2\frac{7}{9}$

③ $2\frac{2}{9} \cdot 2\frac{7}{10} = \frac{20 \cdot 27}{9 \cdot 10} = 6$

④ $1\frac{1}{5} \cdot 2\frac{5}{6} = \frac{6 \cdot 17}{5 \cdot 6} = \frac{17}{5} = 3\frac{2}{5}$

⑤ $3\frac{3}{4} \cdot 1\frac{1}{5} = \frac{15 \cdot 6}{4 \cdot 5} = \frac{9}{2} = 4\frac{1}{2}$

⑥ $1\frac{3}{10} \cdot 2\frac{2}{13} = \frac{13 \cdot 28}{10 \cdot 13} = \frac{14}{5} = 2\frac{4}{5}$

⑦ $1\frac{1}{8} : 2\frac{5}{11} = \frac{9 \cdot 11}{8 \cdot 27} = \frac{11}{24}$

⑧ $4\frac{2}{5} : 3\frac{3}{10} = \frac{22 \cdot 10}{5 \cdot 33} = \frac{4}{3} = 1\frac{1}{3}$

⑨ $1\frac{1}{2} : 2\frac{1}{4} = \frac{3 \cdot 4}{2 \cdot 9} = \frac{2}{3}$

⑩ $2\frac{5}{6} : 3\frac{1}{3} = \frac{17 \cdot 3}{6 \cdot 10} = \frac{17}{20}$

⑪ $1\frac{1}{5} : 2\frac{1}{15} = \frac{6 \cdot 15}{5 \cdot 31} = \frac{18}{31}$

⑫ $2\frac{2}{9} : 2\frac{1}{12} = \frac{20 \cdot 12}{9 \cdot 25} = \frac{16}{15} = 1\frac{1}{15}$

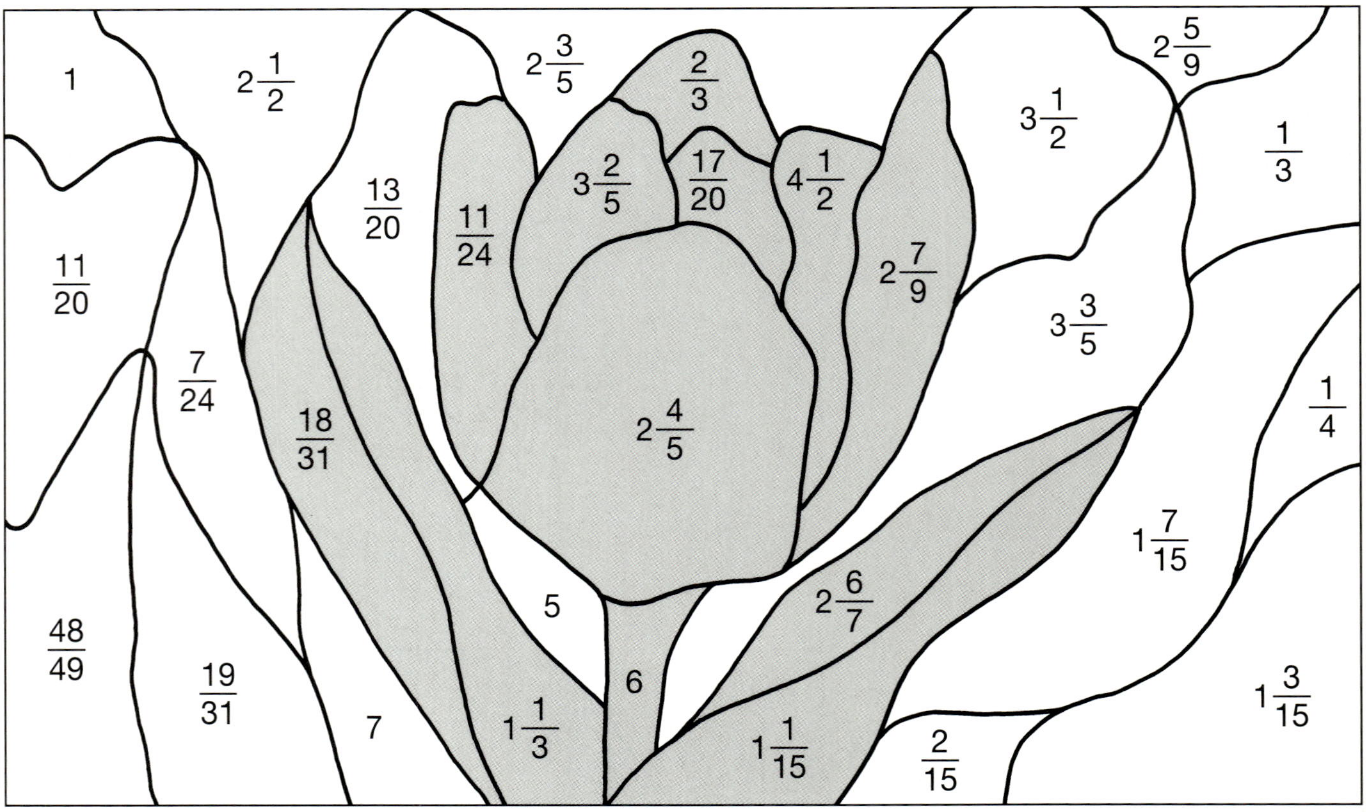

Gemischte Aufgaben mit Brüchen

Spielregel:
- Löse alle Aufgaben im Spielplan und notiere die Ergebnisse unter den Aufgaben. Kürze wenn möglich und wandle in gemischte Zahlen um.
- Schneide alle Puzzleteile aus und lege sie im Spielplan auf die Felder mit den errechneten Ergebnissen.
- Bei richtiger Lösung entsteht ein Bild.
- Tipp: Klebe die Puzzleteile auf und male das Bild aus.

Spielplan:

$\frac{3}{4}+\frac{3}{8}=\frac{6}{8}+\frac{3}{8}=\frac{9}{8}=1\frac{1}{8}$	$\frac{3}{4}+\frac{3}{12}=$	$\frac{3}{4}+\frac{3}{16}=$	$\frac{3}{4}+\frac{3}{4}=$	$\frac{2}{3}-\frac{1}{3}=$
$\frac{2}{3}-\frac{1}{6}=$	$\frac{2}{3}-\frac{1}{9}=$	$\frac{2}{3}-\frac{1}{12}=$	$\frac{3}{5}\cdot\frac{2}{3}=$	$\frac{3}{5}\cdot\frac{2}{4}=$
$\frac{3}{5}\cdot\frac{2}{5}=$	$\frac{3}{5}\cdot\frac{2}{6}=$	$\frac{4}{7}:\frac{4}{5}=$	$\frac{4}{7}:\frac{2}{5}=$	$\frac{4}{7}:\frac{1}{5}=$

Puzzleteile:

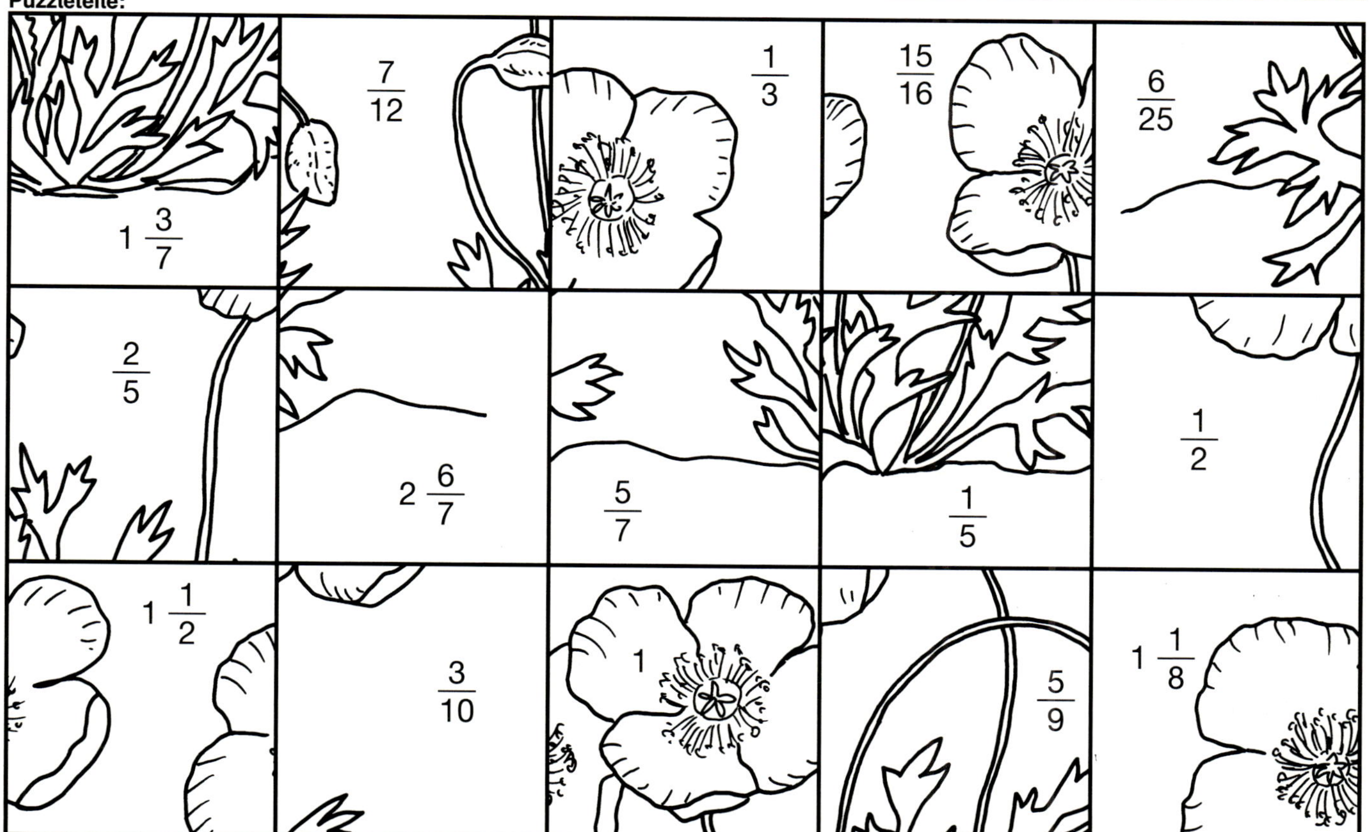

Gemischte Aufgaben mit Brüchen

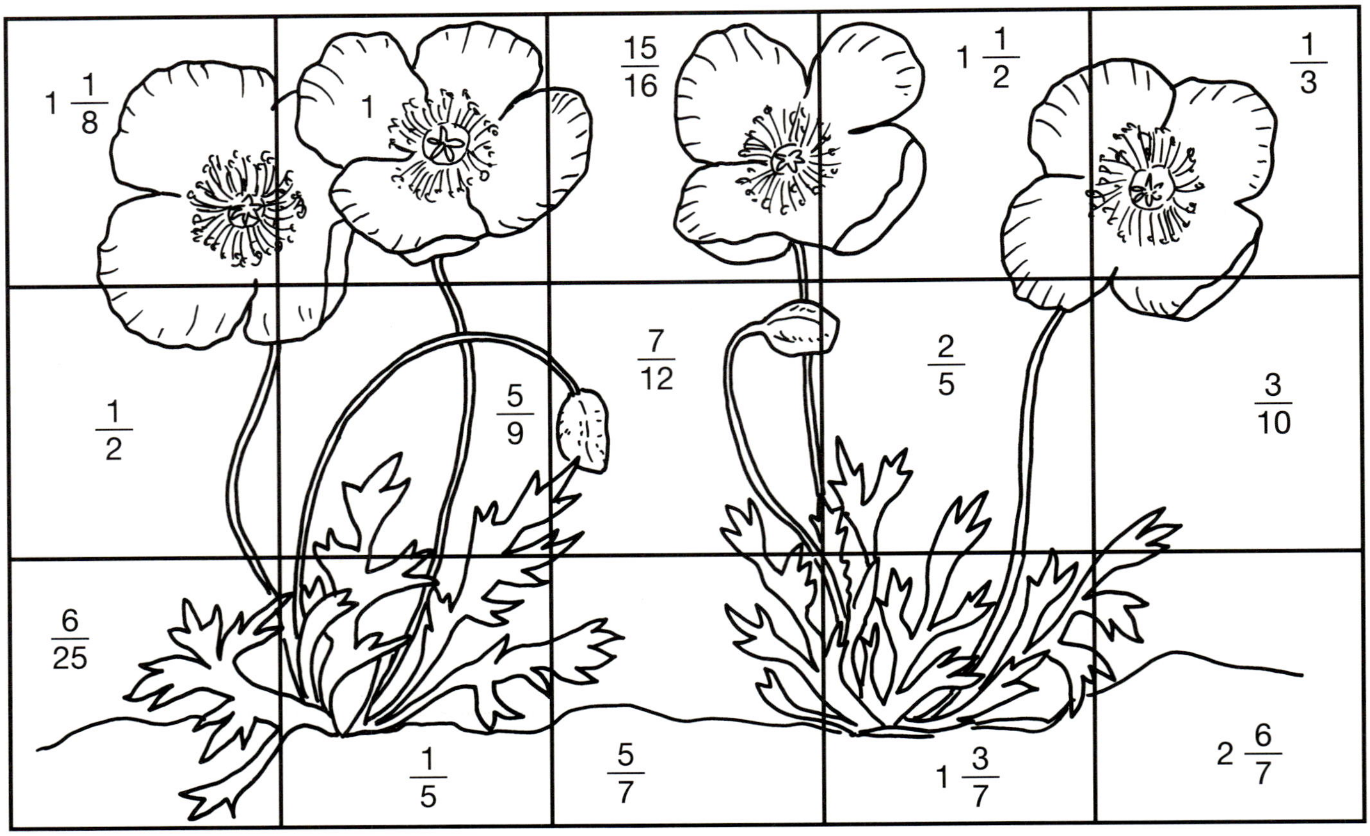

Gemischte Aufgaben mit Brüchen

Spielregel:

- Schneide die Dominoteile („Tortenstücke") entlang der durchgezogenen Linien aus.
- Rechne die Aufgaben auf den Dominoteilen aus. Kürze wenn möglich und wandle die Ergebnisse in gemischte Zahlen um.
- Lege die Teile so aneinander, dass die gesuchten Ergebnisse rechts neben den Aufgaben liegen.
- Wenn du alle Aufgaben richtig gelöst hast, entsteht in der Mitte ein Lösungsbild.

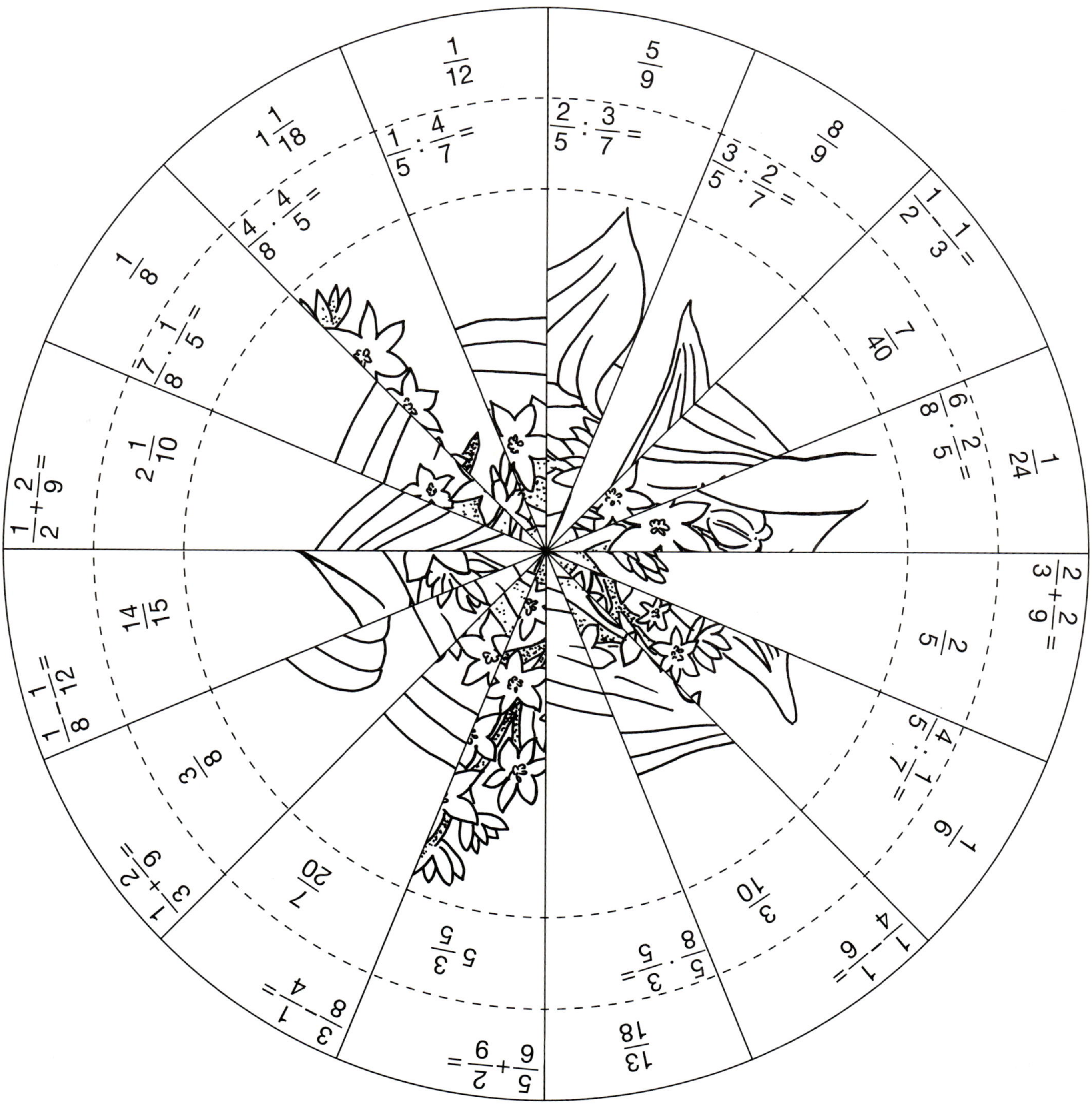

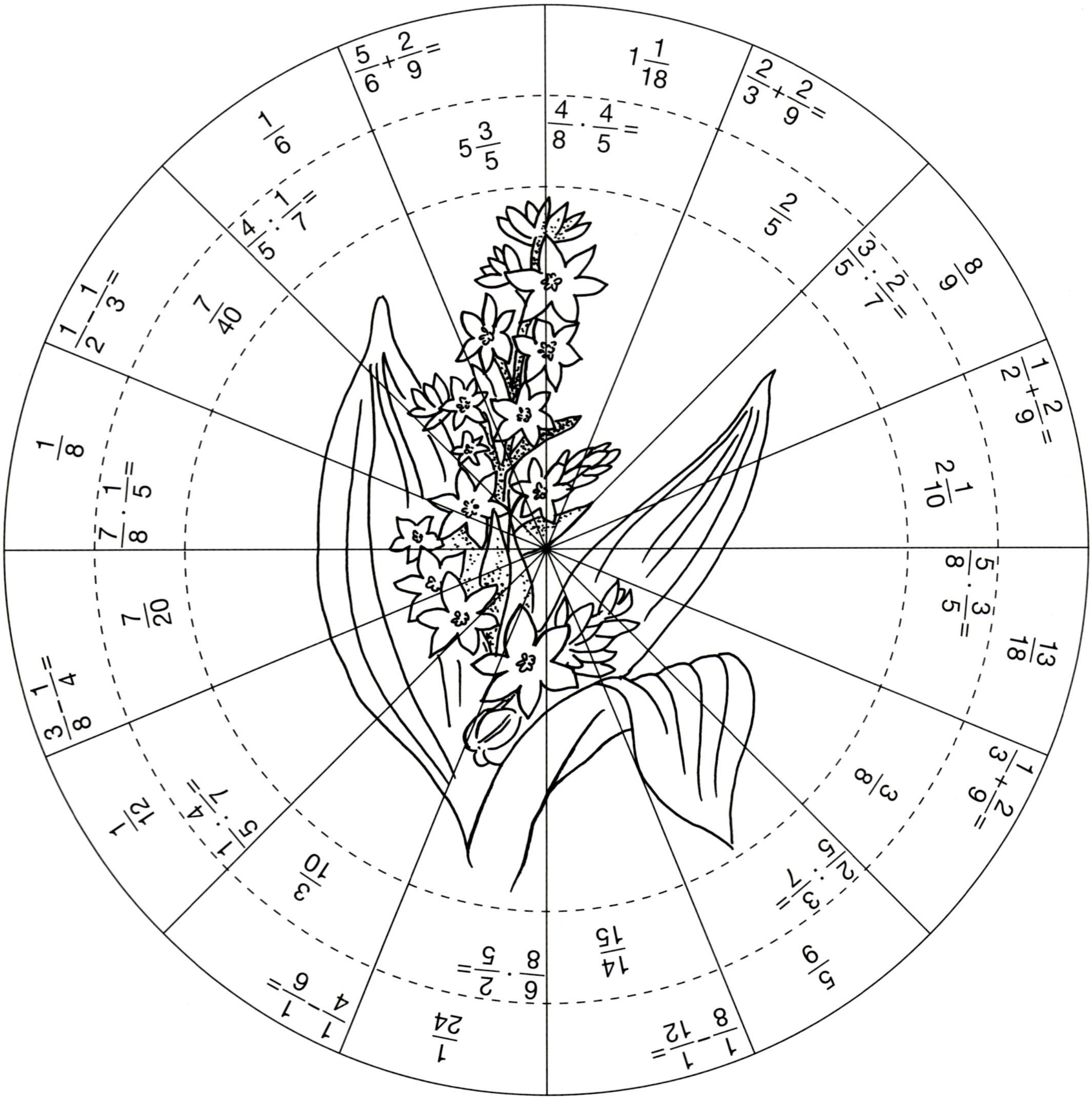
5/6 + 2/9 =
1 1/18
4/8 · 4/5 =
5 3/5
1/6
4/5 : 1/7 =
2/3 + 2/9 =
2/5
3/5 : 2/7 =
8/9
1/2 − 1/3 =
7/40
1/2 + 2/9 =
2 1/10
1/8
7/8 · 1/5 =
5/8 · 3/5 =
13/18
3/8 − 1/4 =
7/20
1/3 + 2/9 =
3/8
1/12
1/5 : 4/7 =
2/5 : 3/7 =
5/9
3/10
1/4 − 1/6 =
6/8 · 2/5 =
14/15
1/24
1/8 − 1/12 =

Gemischte Aufgaben mit Brüchen und gemischten Zahlen

Spielregel:
- Löse alle Aufgaben und notiere die Ergebnisse.
- Verbinde im Bildteil die Punkte bei den Ergebniszahlen in der Reihenfolge der Aufgaben.
- Bei richtiger Lösung entsteht eine Bildfigur.
- Tipp: Wandle die gemischte Zahl vor dem Rechnen in einen Bruch um.
  Kürze wenn möglich und wandle das Ergebnis wieder in eine gemischte Zahl um.

① $1\frac{3}{4} + \frac{3}{4} = \frac{7}{4} + \frac{3}{4} = \frac{10}{4} = 2\frac{2}{4} = 2\frac{1}{2}$

② $1\frac{3}{4} + \frac{1}{2} = \frac{7}{4} + \frac{2}{4} = \frac{9}{4} = 2\frac{1}{4}$

③ $1\frac{3}{4} + \frac{3}{8} =$

④ $1\frac{3}{4} + \frac{1}{3} =$

⑤ $2\frac{3}{4} \cdot \frac{1}{2} =$

⑥ $2\frac{3}{4} \cdot \frac{1}{3} =$

⑦ $2\frac{3}{4} \cdot \frac{1}{4} =$

⑧ $2\frac{3}{4} \cdot \frac{1}{6} =$

⑨ $2\frac{1}{3} - \frac{1}{6} =$

⑩ $2\frac{1}{3} - \frac{2}{3} =$

⑪ $2\frac{1}{3} - \frac{1}{2} =$

⑫ $2\frac{1}{3} - \frac{5}{6} =$

⑬ $2\frac{3}{4} : \frac{1}{2} =$

⑭ $2\frac{3}{4} : \frac{1}{3} =$

⑮ $2\frac{3}{4} : \frac{1}{4} =$

⑯ $2\frac{3}{4} : \frac{1}{6} =$

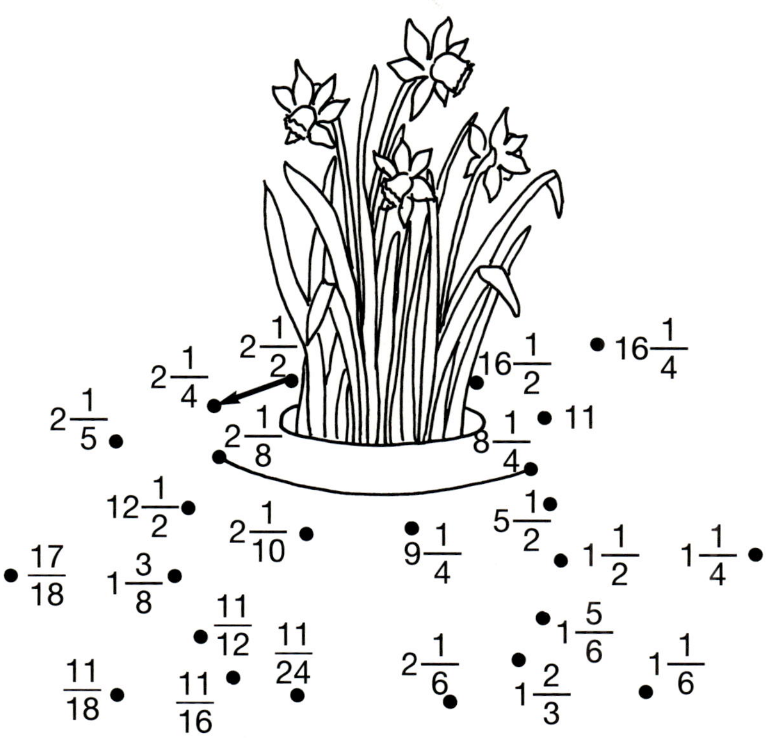

Gemischte Aufgaben mit Brüchen und gemischten Zahlen

① $1\frac{3}{4} + \frac{3}{4} = \frac{7}{4} + \frac{3}{4} = \frac{10}{4} = 2\frac{2}{4} = 2\frac{1}{2}$

② $1\frac{3}{4} + \frac{1}{2} = \frac{7}{4} + \frac{2}{4} = \frac{9}{4} = 2\frac{1}{4}$

③ $1\frac{3}{4} + \frac{3}{8} = 2\frac{1}{8}$

④ $1\frac{3}{4} + \frac{1}{3} = 2\frac{1}{12}$

⑤ $2\frac{3}{4} \cdot \frac{1}{2} = 1\frac{3}{8}$

⑥ $2\frac{3}{4} \cdot \frac{1}{3} = \frac{11}{12}$

⑦ $2\frac{3}{4} \cdot \frac{1}{4} = \frac{11}{16}$

⑧ $2\frac{3}{4} \cdot \frac{1}{6} = \frac{11}{24}$

⑨ $2\frac{1}{3} - \frac{1}{6} = 2\frac{1}{6}$

⑩ $2\frac{1}{3} - \frac{2}{3} = 1\frac{2}{3}$

⑪ $2\frac{1}{3} - \frac{1}{2} = 1\frac{5}{6}$

⑫ $2\frac{1}{3} - \frac{5}{6} = 1\frac{1}{2}$

⑬ $2\frac{3}{4} : \frac{1}{2} = 5\frac{1}{2}$

⑭ $2\frac{3}{4} : \frac{1}{3} = 8\frac{1}{4}$

⑮ $2\frac{3}{4} : \frac{1}{4} = 11$

⑯ $2\frac{3}{4} : \frac{1}{6} = 16\frac{1}{2}$

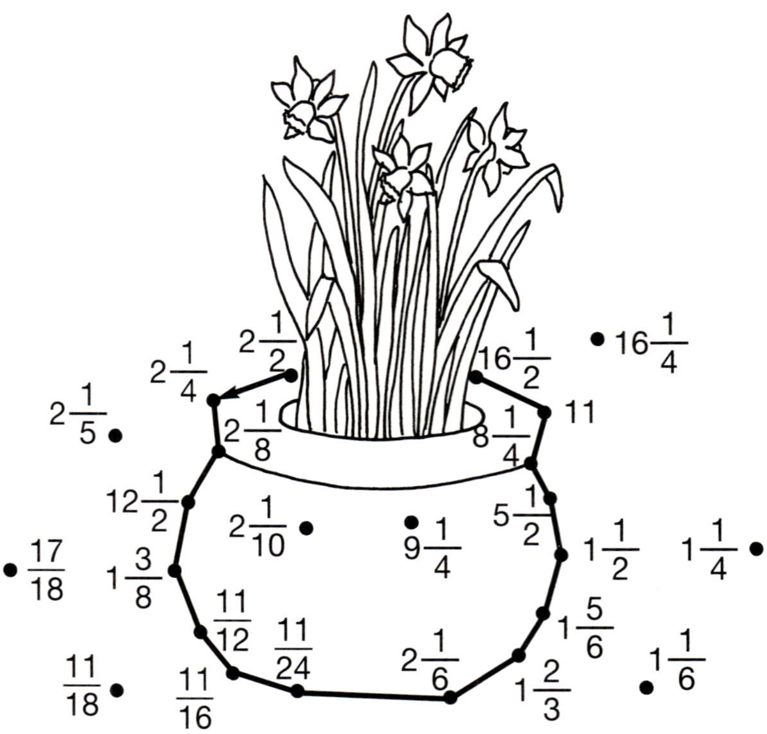

Gemischte Aufgaben mit gemischten Zahlen

Spielregel:

- Löse alle Aufgaben und notiere die Ergebnisse.
- Suche die Ergebniszahlen im Bildteil und male die zugehörigen Felder mit einer beliebigen Farbe aus.
- Zu jedem Ergebnis gehört genau ein Ausmalfeld.
- Bei richtiger Lösung entsteht ein Bild.
- Tipp: Wandle die gemischten Zahlen vor dem Rechnen in Brüche um.
  Kürze wenn möglich und wandle das Ergebnis wieder in eine gemischte Zahl um.

① $1\frac{5}{8} + 1\frac{5}{8} = \frac{13}{8} + \frac{13}{8} = \frac{26}{8} = 3\frac{1}{4}$

② $1\frac{5}{8} - 1\frac{5}{8} =$

③ $2\frac{1}{2} + 1\frac{5}{8} =$

④ $2\frac{1}{2} - 1\frac{5}{8} =$

⑤ $2\frac{2}{3} + 1\frac{5}{6} =$

⑥ $2\frac{2}{3} - 1\frac{5}{6} =$

⑦ $1\frac{1}{2} \cdot 1\frac{5}{8} =$

⑧ $1\frac{5}{8} : 1\frac{5}{8} =$

⑨ $2\frac{1}{2} \cdot 1\frac{5}{8} =$

⑩ $2\frac{1}{2} : 1\frac{5}{8} =$

⑪ $2\frac{2}{3} \cdot 1\frac{5}{6} =$

⑫ $2\frac{2}{3} : 1\frac{5}{6} =$

⑬ $1\frac{1}{6} \cdot 1\frac{3}{7} =$

⑭ $1\frac{5}{6} : 1\frac{3}{4} =$

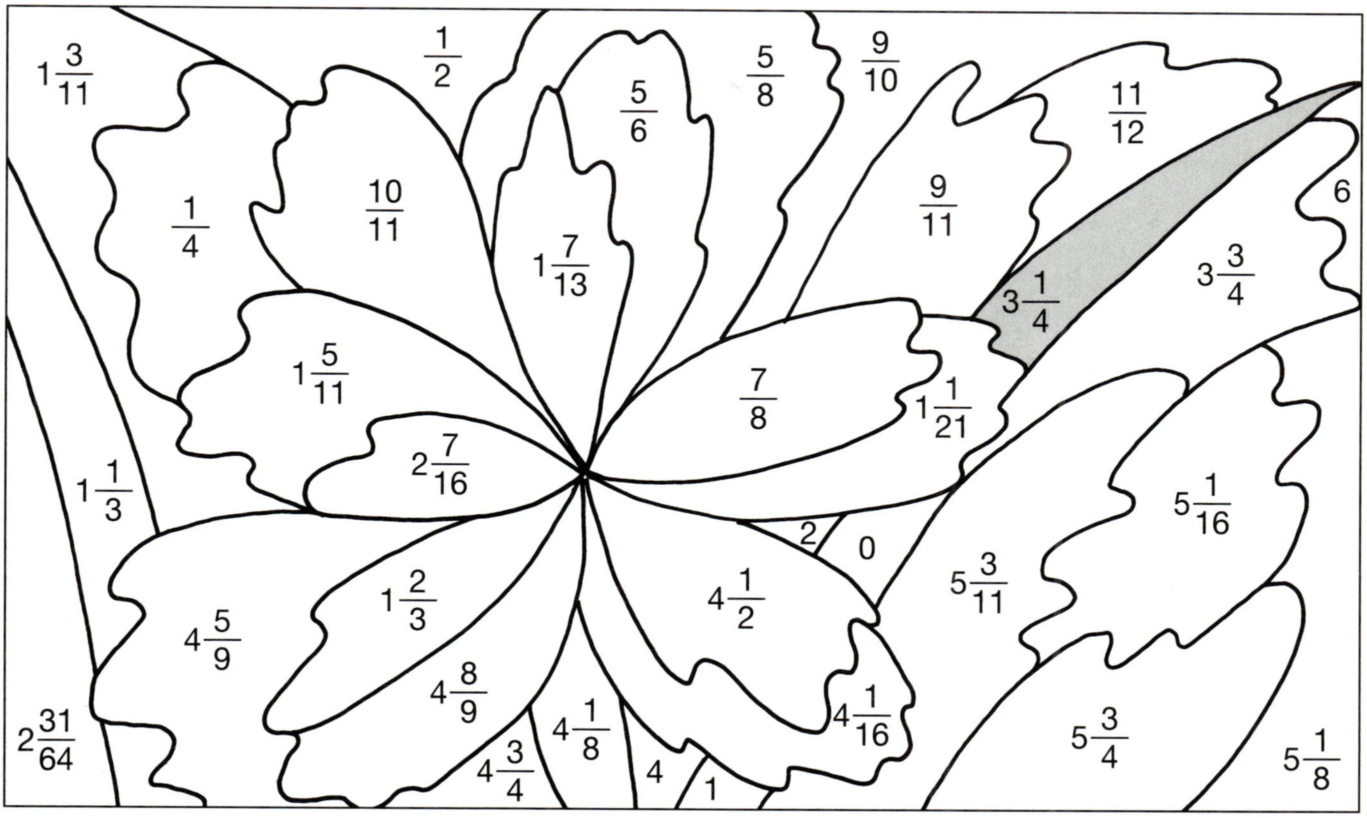

Gemischte Aufgaben mit gemischten Zahlen

① $1\frac{5}{8} + 1\frac{5}{8} = \frac{13}{8} + \frac{13}{8} = \frac{26}{8} = 3\frac{1}{4}$

② $1\frac{5}{8} - 1\frac{5}{8} = 0$

③ $2\frac{1}{2} + 1\frac{5}{8} = 4\frac{1}{8}$

④ $2\frac{1}{2} - 1\frac{5}{8} = \frac{7}{8}$

⑤ $2\frac{2}{3} + 1\frac{5}{6} = 4\frac{1}{2}$

⑥ $2\frac{2}{3} - 1\frac{5}{6} = \frac{5}{6}$

⑦ $1\frac{1}{2} \cdot 1\frac{5}{8} = 2\frac{7}{16}$

⑧ $1\frac{5}{8} : 1\frac{5}{8} = 1$

⑨ $2\frac{1}{2} \cdot 1\frac{5}{8} = 4\frac{1}{16}$

⑩ $2\frac{1}{2} : 1\frac{5}{8} = 1\frac{7}{13}$

⑪ $2\frac{2}{3} \cdot 1\frac{5}{6} = 4\frac{8}{9}$

⑫ $2\frac{2}{3} : 1\frac{5}{6} = 1\frac{5}{11}$

⑬ $1\frac{1}{6} \cdot 1\frac{3}{7} = 1\frac{2}{3}$

⑭ $1\frac{5}{6} : 1\frac{3}{4} = 1\frac{1}{21}$

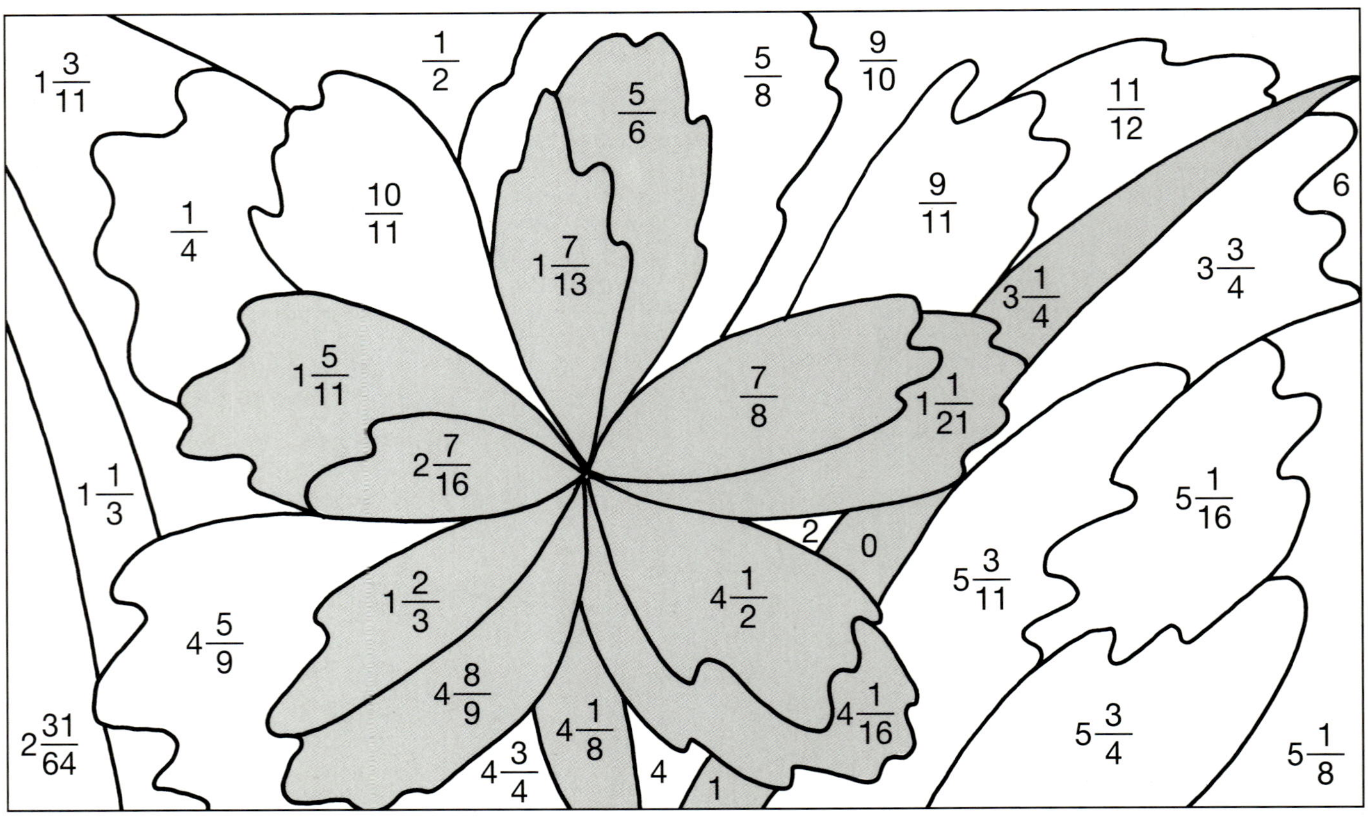